作者序言

　　「企業管理」知識，一直是每位上班族、每位經理主管人員所必須了解的基本知識；企管知識能學通了，那麼離成功經營企業也不遠了。

　　本書集結了 50 則企管核心知識＋ 15 則重要補充概念，是最關鍵的、最實戰的企管經典與最新知識，相信是國內第一本具實務性且本土化的企管基本專書。

一、本書特色

　　本書具有以下幾點特色：

（一）集結經典知識＋最新知識

　　本書總計 65 則企管知識中，有些是過去幾 10 年來企管長存的經典知識，但也有部分是作者最新加入的企管新知識，能結合「經典」＋「最新」的兩種企管知識，相信是最完美無缺的現代化企管知識了。

（二）理論性與實戰性兼具

　　本書是作者個人在企業界工作 16 年的經驗，以及加上 20 多年在學術界教書的累積，所形成的企管知識實戰書，沒有大量理論性與難懂的地方，此書對企業上班族、企業主管們，是很容易上手使用的。

（三）最實用的工具書

　　本書所集結的 50 則企管經典與最新知識＋ 15 則補充概念，是作者

► 50則非知不可的企業管理實務最新知識

50 Business Management

You Really Need to Know

戴國良　著

精挑細選出來的最核心與最重要的企管精華所在。所以本書也是企業界主管們想了解何謂「企業管理」的最實用工具書與參考書，絕對可以幫助各位主管及上班族們，如何提升你們公司的企業經營與企業管理的知識水平與實戰技能。

二、成功職涯的 11 要件

　　作者自年輕工作以來，已歷 36 年之久，期間有擔任過大企業的高階幕僚副總經理職位，以及大學老師教職，深深體會出一個上班族要有成功且拿到高薪的工作生涯，過程中必須自我具備 11 個要件，如下：

　　1. 能力＋ 2. 努力＋ 3. 進步＋ 4. 人脈＋ 5. 終身學習＋ 6. 熱情＋ 7. 勤奮＋ 8. 目標＋ 9. 忍耐＋ 10. 品德＋ 11. 貢獻→成功職涯、高薪人生。

三、感謝與感恩

　　本書的順利出版，要感謝五南出版公司的商管主編及總編輯的大力協助與幫忙，也要衷心感謝廣大的讀者朋友及老師們。這是我所著作、出版的第 35 本圖解系列商管專書，感謝讀者及老師們長期以來的支持、鼓勵及期待，才使我這 20 年來，能堅持紀律性及勤奮性的寫了合計 35 本企管與行銷方面的系列專書。希望我的商管知識與實戰經驗，能夠永遠傳承下去，傳承給下一代努力的廣大讀者、老師們。

　　最後，衷心祝福各位朋友們，在你們的人生中，都能步上一趟美好的、成長的、成功的、有收穫的、開心的、身體健康的、財務自由的、滿意的旅程。感恩大家！

戴國良

Email: taikuo@mail.shu.edu.tw

目錄

作 者 序 言   2

第 1 則   公司價值鏈（Corporate Value-chain）   7

第 2 則   領導力（Leadership）   12

第 3 則   P-D-C-A 管理循環   16

第 4 則   高值化經營（高附加價值經營、價值競爭）   20

第 5 則   ESG 實踐與公司永續經營   25

第 6 則   領導與管理的區別   30

第 7 則   企業成長戰略   33

第 8 則   人才戰略管理   49

第 9 則   CSV 企業與 CSR 企業   53

第 10 則   公司經營基盤   55

第 11 則   兩利企業   57

第 12 則   戰略力＋營運力   58

第 13 則   企業最終經營績效七指標及三率三升   60

第 14 則   完整的年度經營計劃書撰寫內容   62

第 15 則   產業獲利五力分析   66

第 16 則   三種層級策略與形成   69

第 17 則   敏捷型組織與管理   73

第 18 則   企業打造高績效組織的十五大要素   77

第 19 則   從人出發：培養優秀人才，創造好績效的六招   81

第 20 則   提高經營績效的管理十五化   83

第 21 則   三種競爭策略   86

第 22 則　四個「組合優化」　89

第 23 則　核心能力與競爭優勢　93

第 24 則　管理四聯制：計劃、執行、考核、獎懲　97

第 25 則　環境三抓　101

第 26 則　學習曲線　103

第 27 則　經濟規模效益　106

第 28 則　會議管理與會議決策　108

第 29 則　KPI（關鍵績效指標）管理　112

第 30 則　心占率與市占率　115

第 31 則　IPO　117

第 32 則　目標管理（MBO）　121

第 33 則　年終績效考核　124

第 34 則　常保危機意識與居安思危　127

第 35 則　創新力、革新力、變革力、挑戰力、創造力　129

第 36 則　SOP（標準作業流程）　133

第 37 則　公司經營基盤　135

第 38 則　SWOT 分析　139

第 39 則　激勵／獎勵管理　142

第 40 則　法說會　145

第 41 則　行銷三個同心圓（品牌力＋產品力＋行銷力）　147

第 42 則　多品牌、多價位策略經營　151

第 43 則　資本支出預算（CAPEX）　154

第 44 則　數字分析與數字管理　156

第　45　則　效率與效能　160

第　46　則　成本 / 效益分析　162

第　47　則　併購（M&A）　165

第　48　則　PEST 分析　169

第　49　則　品牌價值　174

第　50　則　管理五化（制度化、SOP 化、資訊 IT 化、自動化 / AI 化、APP 化）　178

補充知識 1　不必等待 100% 完美決策，邊做、邊修、邊改，直到做好才是王道　180

補充知識 2　人才三對主義　182

補充知識 3　公司高階經理管理團隊職稱（Management Team）　184

補充知識 4　年度預算管理制度（損益表管理制度）　185

補充知識 5　市場進入門檻　188

補充知識 6　行銷 3C / 1M 分析　191

補充知識 7　銀行聯貸與私募　194

補充知識 8　先發品牌與後發品牌　196

補充知識 9　BCP 與 BCM　199

補充知識 10　B2B 及 B2C　201

補充知識 11　十年布局計劃　204

補充知識 12　布局未來與超前部署　206

補充知識 13　打造優良企業文化　208

補充知識 14　照顧好各方利益關係人　212

補充知識 15　OMO（全通路行銷）　214

第1則
公司價值鏈
（Corporate Value-chain）

一、何謂「公司價值鏈」

任何公司要產生產品價值或服務價值，主要會透過兩種活動而產生及創造出來。公司產生產品與服務的兩大類「價值活動」（Value-activity）如下：

（一）主要營運活動的價值部門

1. 技術與研發部	2. 設計部	3. 新產品開發部
4. 採購部	5. 製造部	6. 品管部
7. 物流部	8. 銷售部	9. 行銷部
10. 服務部	11. 會員經營部	12. ESG 部

（二）次要支援幕僚的價值部門

1. 人資部	2. 財務部	3. 資訊部	4. 法務部
5. 企劃部	6. 總務部	7. 稽核部	8. 總經理室

兩大類「價值部門」團隊合作，提升公司價值鏈成效，如下：

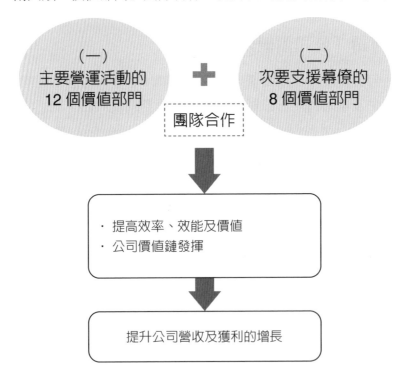

（一）
主要營運活動的
12 個價值部門

＋

（二）
次要支援幕僚的
8 個價值部門

團隊合作

・提高效率、效能及價值
・公司價值鏈發揮

提升公司營收及獲利的增長

二、公司價值營運流程四階段

　　若就整個投入與產出來看，公司價值營運流程，大致有如下圖示四階段：

（一）Input 投入各項資源

1. 人力　2. 物力　3. 財力　4. 資訊力　5. 門市店力　6. 製造力設備

（二）Process 價值創造流程

1. 新品開發與上市流程　　4. 配送流程　　　　7. 行銷與銷售流程
2. 製造與組裝流程　　　　5. 創意與創新流程
3. 服務流程　　　　　　　6. 通路上架流程

（三）Output 產出

1. 優質產品　　　　2. 優質服務

（四）Outcome 成果

1. 營收　　3. EPS　　5. 社會公益　　7. 員工滿意
2. 獲利　　4. 股息　　6. 顧客滿意　　8. 社會貢獻

三、「向上提升」公司價值鏈的十項重要課題工作

那麼，公司究竟要如何才能向上提升做好、做強公司價值鏈呢？主要有以下的十項重要課題：

（一）強化個人與組織能力

公司必須持續性努力強化及提升每個員工、每個部門及每個組織單位的工作專業與工作技能，成為強大組織體。

（二）做好溝通協調

公司必須隨時做好營運部門之間，以及與幕僚支援部門間，彼此良好順暢的溝通協調。

（三）革新企業文化與組織文化

公司必須用心革新、改革及創造更優良、更得人心的整個企業文化與組織文化，並融入其中。

（四）有效激勵及獎勵員工

公司必須透過物質金錢的獎勵與心理精神的鼓勵，有效激發員工有努力工作的誘因及動機，大大激勵全體員工士氣。

（五）發揮各層級領導力

公司各層級領導主管必須做好主管角色，發揮領導力，有效帶動各單位、各部門、各工廠的每天日常性工作品質及要求。

（六）改革各項制度、流程、規章

公司應該不斷的修正、改良、革新、變革各種營運活動中的各項制度、流程、規章及辦法，更符合現代化。

（七）引進先進製造設備

公司必須引進國內外更進步、更自動化、更 AI 智能化、更尖端的製造設備及工具，以達到「工欲善其事，必先利其器」。

（八）導入資訊化、AI 化及數位化系統運作

公司必須大力加速全面朝資訊化、AI 化及數位化系統運作，以大大提升效率與效能。

（九）訂定各項進步 KPI 指標

公司任何的改革及進步，都必須訂定所有部門的 KPI 指標，才能有所考核、評價及獎賞。

（十）不斷創新與創造

公司在全方位營運活動中，必須要求全體員工隨時要有更創新（Innovation）與創造（Creation）的思維、想法、作法及實踐，才會有更大價值出現。

四、公司價值鏈活動與「競爭力」的展現，就是公司「營運力」

最後，企業必須體會到：公司價值鏈的價值創造過程的每一天活動，就是公司整體「營運力」的大大提升，而「營運力」其實也就是公司最大的「競爭力」來源。

價值鏈活動　→　產生：營運力（Operational-power）　→　再產生：競爭力（Competitive-power）

第 2 則
領導力（**Leadership**）

一、領導力的三種層次主管

　　企業實務上，談到領導力的層次，主要有三種，如下：

（一）最高階領導力

　　係指董事會、董事長、總經理、執行長等層次主管。

（二）第二高階領導力

　　係指各事業部、各幕僚部門、各工廠、各中心、各分公司之副總經理、處長、總監、協理等層級主管。

（三）第三中階領導力

　　係指經理級的層次主管。

　　所以，各層級領導主管，從中階到高階主管、經理到總裁的領導主管職稱，可包括如下：經理→協理、處長、總監、廠長→副總經理→執行副總→執行長、總經理→董事長→創辦人、總裁。

二、對各階層領導主管的不同領導重點要求

各層級領導主管，都有他們不同層次看法的領導重點，茲區分如下：

（一）最高階領導重點要求（董事長、總經理、執行長）

1. 能指出公司或集團的正確經營方向、經營戰略及發展願景。
2. 能帶領公司持續成長下去及永續經營下去。
3. 能拔擢及培育未來總經理或執行長的儲備優秀人才。

（二）第二高階領導重點要求（副總經理、協理、處長）

1. 能帶領好該事業部門日常營運活動，並能順利達成年度應有預算目標及任務。
2. 能快速應變外部大環境的變化及趨勢。
3. 能順利完成最高階主管交代的任務與使命。

（三）第三中階領導重點要求（經理級主管）

1. 能完成、做好每天例行性工作目標與要求。
2. 能帶好單位內人員的工作安排、分配及指導工作。

三、對各階層領導主管的十二項共通領導力要求

對各階層領導主管的共通領導力要求，計有十二項目：

（一）要無私 / 無我

各級領導主管必須做到無私 / 無我、大公無私、不可圖利自己、不可營私舞弊。

（二）要正派、誠信經營

要堅持正派經營、誠信經營，信守各種企業的承諾。

（三）要有崇高品德

要保持自己崇高的品德與道德，把好品德擺在第一位。

（四）當責的心

要有當責的心、要勇於負責；不能推卸責任、閃避責任、不負責任。

（五）為公司創造獲利

要為公司創造持續成長的營收及獲利，要讓公司獲利賺錢，公司才能善待全體員工及全體大眾股東。

（六）做好 CSR + ESG

要加速做好企業社會責任（CSR）及實踐 ESG 永續經營與環保責任。

（七）培育未來人才

永遠要為未來的世代培育出下一世代有潛力、很優秀的儲備主管人才。

（八）勇於創新、創造

要保持不斷創新、挑戰與創造，提升公司更大、更高價值。

（九）終身學習

各級主管要以身作則，每天學習、終身學習，讓每個員工都一直在成長與進步之中。

（十）激勵部屬

要經常性與實質性以調薪、加薪、各種獎金分發及晉升等方式，有效激勵部屬員工。

（十一）永保危機意識、永不鬆懈

要永保危機意識、永不鬆懈、永遠居安思危，每天保持戰戰兢兢，做好每一天工作。

（十二）達成既定目標與 KPI 指標

各級領導主管，每天、每週、每月、每年都要努力達成既定工作目標與各項 KPI 指標，成為卓越企業。

P-D-C-A 管理循環

一、什麼是 P-D-C-A 管理循環

日本企業在許多年前就提出最簡單、最簡化的「P-D-C-A 管理循環」的實用概念，如下圖示：

上述 P-D-C-A 管理四循環的意思是：任何一位管理者（Manager）或經理人員，在做日常的營運管理工作時，必須要做好四件事，即：

（一）凡事必須先做好計劃、做好規劃。

（二）然後再展開立即執行力，要把計劃、規劃貫徹落實，做好、完成。

（三）然後，要定期、定點對工作與計劃的執行狀況，做及時且必要的考核及查核，看看工作及計劃做得如何了。

（四）最後，經過考核、查核後，再看看有哪些地方及作法必

須加以調整、改善或加強的，然後再出發做到好爲止。

二、什麼是 O-S-P-D-C-A

作者依以前工作過的經驗顯示，P-D-C-A 四循環算是好的、可執行的，但是對於一些比較重大的事項及專案，此四循環恐仍不夠完整。後來，把它增加二項，改爲 O-S-P-D-C-A 六循環更完整適用，如下圖示：

上圖係表示，在執行 P-D-C-A 四循環之前，還必須先想到兩大點：

（一）做任何事，首先必須要先訂下目標／目的／任務爲何才行。

（二）要達此等目標，應先決定採取哪些、哪種策略，才能順利完成此目標。

所以，最終 O-S-P-D-C-A 管理六循環就成形了，實用性就更大了。

三、案例：加速展店計劃的 O-S-P-D-C-A

茲列舉「加速展店計劃」的 O-S-P-D-C-A 六循環，如下圖示：

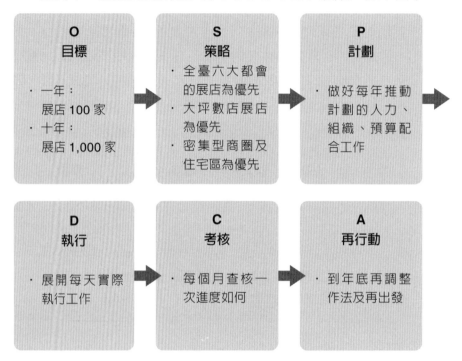

四、每個單位主管人員必備 O-S-P-D-C-A 的技能與觀念

　　各種計劃推動，公司上到副總及高階主管，下到組長與基層主管，都應熟練作者所創造出來的「管理六循環」，才能真正做好領導與管理的工作及任務。

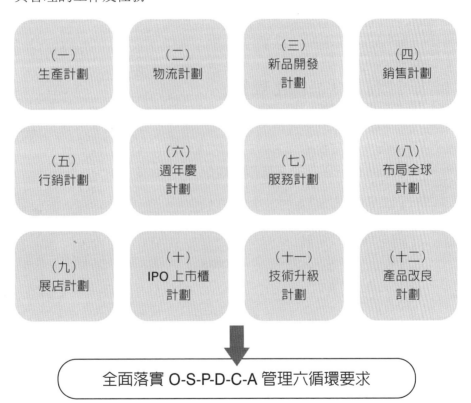

（一） 生產計劃	（二） 物流計劃	（三） 新品開發 計劃	（四） 銷售計劃
（五） 行銷計劃	（六） 週年慶 計劃	（七） 服務計劃	（八） 布局全球 計劃
（九） 展店計劃	（十） IPO 上市櫃 計劃	（十一） 技術升級 計劃	（十二） 產品改良 計劃

全面落實 O-S-P-D-C-A 管理六循環要求

第 4 則

高值化經營
（高附加價值經營、價值競爭）

一、何謂「高值化經營」

　　所謂「高值化經營」，就是指公司應盡可能透過各種方式及技術，提高產品及服務的高附加價值，做出「價值競爭」、「價值經營」，而非「低價格競爭」。

高值化經營

· 高附加價值經營
· 價值競爭

低價格競爭

二、高值化經營的成功案例

（一）高價咖啡：
星巴克咖啡

（二）台積電：
先進晶片研發與製造
（5 奈米、3 奈米、2 奈米、
1.4 奈米）

（三）歐洲名牌精品：
LV、Gucci、Hermès、
Chanel、Prada、Dior、
Burberry

（四）歐洲豪華車：
勞斯萊斯、賓士、BMW、
保時捷、瑪莎拉蒂、賓利

（五）歐洲名牌錶：
勞力士、PP 錶（百達翡麗、
卡地亞、寶格麗）

（六）五星級大飯店：
君悅、晶華、萬豪、
W Hotel、四季、文華東方、
漢來

（七）高價 Buffet
（自助餐廳）：
饗 A、寒舍艾美、君悅、
漢來

（八）雄獅旅遊：
高價團（南美洲＋南極，
17 天，收費 80 萬元）

（九）TOYOTA
高價車系列：
Crown、Alphard、Lexus
LM、Century SUV

（十）Dyson：
英國品牌吸塵器、吹風機、
空氣清淨機

（十一）高價航空：
阿聯酋航空

（十二）七星級大飯店：
杜拜帆船大飯店

（十三）高價 EMBA
學位課程：
臺大、政大 EMBA（收費
100 ～ 200 萬元）

（十四）高價私立中小學：
再興小學、國中
及薇閣高中

（十五）手機鏡頭：
大立光高價手機鏡頭

（十六）重機車：
美國哈雷重機車

（十七）臺北貴婦
百貨公司：
台北 101 及 Bellavita
百貨公司

（十八）高價手機：
iPhone 15 Pro Max

三、為何要「高值化經營」

公司為什麼要採取「高值化經營」的策略呢？主要有以下五點原因：

(一) 獲取更多利潤：可以提高售價及獲利，獲取更多利潤。

(二) 避免低價競爭：可以避免在一片紅海市場裡殺價競爭，利潤很低。

(三) 享有較高的品牌價值：可以享有較高且較長期的品牌價值出來。

(四) 居於產業領導地位：可以比較站在產業領導地位。

(五) 保持技術領先：可以保持技術領先與技術優勢。

四、做到高值化經營的八要點

那麼，公司該如何才能做到高值化經營的策略及目標呢？如下：

(一) 長期保持技術創新與領先

公司必須長期保持有技術與研發領域上的重大創新與領先，並在產品功能、功效上做得比競爭對手更強。

(二) 提高原物料及零組件品質等級

公司必須在原物料及零組件的採購上，買到更高等級、更良好品質，從源頭上做到高值化。

(三) 提高產品的設計與顏值價值

特別在部分產品上，必須加重及提升產品的設計感及顏值感。例如：名牌包、名牌車等。

（四）採用最先進製造設備及製程

要做出具高附加價值的產品，就必須擁有最先進、更自動化、更尖端的製造設備與製程水準。

（五）增加服務流程中的價值

公司用心在售前、售中及售後的服務流程上，努力增加更多附加價值。

（六）確保高品質與高良率

高值化產品必然是高品質且高良率的保證及保障。

（七）增加現場實體賣場環境的豪華感與體驗感

在各種零售業、大飯店業、餐飲業等，必須提升在實體現場環境的豪華體驗感。

（八）不斷創新、革新、進步與變革

公司必須在各種領域，保持不斷的再創新、再革新、再進步及再變革。

五、創造高值化的九大營運流程重點所在

如果從公司實務作業流程上看，創造最終高值化經營，必須關注及做好如下九大項：

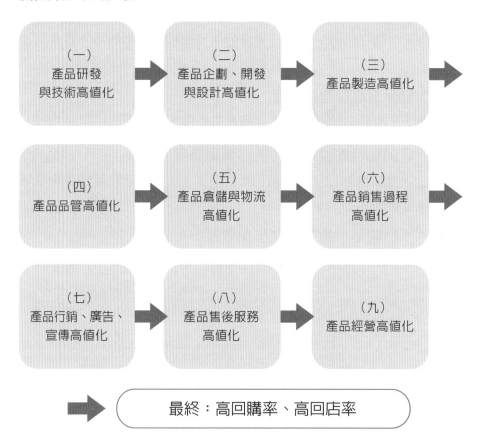

第 5 則
ESG 實踐與公司永續經營

一、何謂 ESG 實踐

最近幾年來，全球各大企業都在做的一件事，那就是做好「ESG」的實踐。何謂「ESG」？如下：

（一）E：Environment（做好環境保護、環保、淨零排碳、節能減碳、減塑工作等）。

（二）S：Social（做好企業社會責任、做好回饋社會、回饋社區、回饋弱勢族群贊助的工作）。

（三）G：Governance（做好公司治理、做好公開透明化經營、做好正派經營、做好無私無我經營）。

如果，各大上市櫃公司都落實 ESG 經營，公司的股票可能會受到國內外大型基金的投資，股票價格也會上漲。

二、何謂「永續經營」（Sustainable Business）

現在企業都流行「永續經營」，也可視爲是「ESG 的永續經營」，所以，ESG 就是永續經營的意思。現在，永續經營受到極高重視，各大上市公司都要用心在「永續經營」上面，才

能符合政府證管會的法規要求。就永續經營的內涵來看，就是企業必須做好如下事項：

（一） 做好環境保護、 淨零排碳工作	（二） 做好社會關懷、 回饋社會工作	（三） 做好公司 治理工作	（四） 做好高階 董事會職責 工作

三、設立「CSO」（永續長）

有些國內外大公司，甚至還成立兩個單位：

（一）「CSO」（永續長，Chief Sustainability Officer）。
（二）「永續經營委員會」（Sustainability Commitee）。

這兩個單位是專責公司的長期／永續工作的推動及監督。

```
公司設立：
（一）永續長（CSO）
（二）永續經營委員會
          ↓
→ Sustainable Business 永續經營
      →長期經營
          ↓
維護大眾股東、
全體員工及整體社會的權益
```

四、有能力、敢說真話的「董事會」

在「永續經營」的實踐上，有一個重要的關鍵處，就是最高階的權力單位「董事會」。過去，不少公司的「董事會」並沒有發揮應有的把關及監督的責任，甚至很多外部「獨立董事」（獨董）也沒有盡到應有責任，只會拿獨董的高薪、高報酬而已。

董事會的應盡責任就是：

（一）要有能力

（二）要敢講真話

（三）要做好監督

（四）要敢對公司高層戰略做出討論及決議

（五）要無私無我

（六）不能圖利自己，拿高薪、高報酬

五、EPS ＋ ESG 並重

過去，企業重視的是每年獲利的成長、每年 EPS（每股盈餘）的成長；但如今，企業還必須兼顧做好 ESG。故有人稱為：EPS ＋ ESG 並重時代來臨。

六、台積電：做好董事會層級的公司治理

台積電是國內高科技公司的護國神山，也是公司治理的好典範，目前有如下圖示的作為：

```
┌────────────────────────────────────┐
│           成立三個委員會              │
├────────────────────────────────────┤
│ （一）審計暨風險委員會                │
│ （二）薪酬暨人才發展委員會            │
│ （三）提名及公司治理暨永續委員會      │
└────────────────────────────────────┘
```

- · 聘 6 位獨立董事＋4 位公司內部董事，合計 10 位董事會成員

- · 獲優良公司治理獎項
- · 遵守證交所各項法規要求

七、證交所：上市櫃公司永續發展行動方案的五大面向

證交所曾發布對上市櫃公司永續發展行動方案，計有五大面向，如下：

（一）引領企業淨零排碳	（二）深化企業永續治理文化	（三）精進永續資訊揭露	（四）強化利害關係人溝通	（五）推動 ESG 評鑑及數位化

八、統一超商：每年發布「永續報告書」的大綱架構

（一）前言

1. 關於本報告書
2. 經營者的話
3. 永續亮點績效
4. 榮耀與肯定
5. 能源轉型
6. 產業轉型
7. 生活轉型

（二）實踐永續管理

1. 永續發展宣言與永續藍圖
2. 永續發展委員會
3. 重大性評估
4. 永續目標管理進程
5. 利害關係人溝通
6. 永續價值鏈

（三）共創永續治理

1. 公司治理
2. 風險管理
3. 資訊安全與隱私保護
4. 法規遵守

（四）承諾產銷永續

1. 產品服務與創新
2. 顧客健康與安全
3. 永續供應鏈管理
4. 永續採購

（五）成就永續地球

1. 環境管理
2. 包裝／包材管理
3. 氣候變遷減緩與調適
4. 剩食與廢棄物管理

（六）增進員工福祉

1. 人才吸引與留住
2. 職業安全衛生

（七）深耕社會公益

1. 公益發展策略
2. 公益募捐
3. 環境保護
4. 促進健康與福祉
5. 消除飢餓
6. 永續城市
7. 教育品質
8. ESG 永續宣傳平臺

第 6 則
領導與管理的區別

一、領導與管理的七個區別

從實務來看，領導與管理有七個區別性，如下：

（一）層級區別性

- 領導是比較在中高階層面的事。
- 管理則是比較在中低階層面的事。

（二）戰略與戰術區別性

- 領導是比較在戰略層面的事。
- 管理則是在戰術層面的事。

（三）時間短、中、長期區別性

- 領導是比較在中長期（3～10 年）的事。
- 管理則為當年度內的事。

（四）宏觀與微觀區別性

- 領導是宏觀的事。
- 管理則為較微觀的事。

（五）現在與未來區別性

· 領導是較偏重未來的事。
· 管理則偏重現在的事。

（六）影響性區別

· 領導是較影響長遠的事。
· 管理則影響較短期的事。

（七）成長性區別

· 領導是追求未來的成長性為重點。
· 管理則是做好今年目標達成為重點。

　　總之，董事長、總經理、執行長、副總經理級主管所負責的工作，比較偏重在：

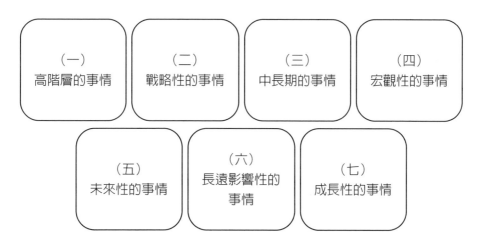

二、領導與管理發生的主管層級之不同

（一）領導偏重層級

董事長、總經理、執行長、各事業群副總經理、各部門副總經理、協理、處長、總監、廠長等中高階主管。

（二）管理偏重層級

經理、副理、襄理、課長、主任、店長、櫃長等中階及基層主管。

三、領導與管理工作時間分配之不同

三種主管層級	現在工作	未來性工作
（一）董事長、總經理、執行長、層級主管	50%	50%
（二）副總經理、協理、處長、總監級主管	70%	30%
（三）經理、副理、主任、課長、廠長級主管	100%	0%

企業成長戰略

一、企業成長戰略的十一種方法

任何企業都是一直追求長期性的成長需求，才能維持它的股價及競爭力，所以，成長戰略就變成企業非常重要的根本、根基。而企業追求成長戰略的方法或作法，有如下十一種：

（一）併購 / 收購成長戰略，例如：

1. 全聯超市收購大潤發量販店。
2. 統一企業收購家樂福量販店。
3. 富邦銀行收購台北銀行。
4. 國泰銀行收購世華銀行。
5. 鴻海公司收購很多高科技公司。

（二）加速展店成長戰略，例如：

1. 全聯加速展店到 1,200 店。
2. 統一 7-11 加速展店到 6,800 店。
3. 王品加速展店到 320 店。
4. 寶雅加速展店到 400 店。
5. 大樹藥局加速展店到 300 店。

（三）多品牌成長戰略，例如：

1. 王品餐飲：28 個餐飲品牌之多。
2. 和泰（TOYOTA）汽車：10 多個汽車品牌。
3. 瓦城餐飲：8 個餐飲品牌。
4. P&G 洗髮精：4 個品牌。
5. 統一企業：10 多個泡麵品牌及 7 個茶飲料品牌。
6. 聯合利華洗髮精：4 個品牌。

（四）多角化成長戰略，例如：

1. 遠東集團：水泥、航運、化工、紡織、電信、零售、百貨公司、銀行、大飯店等。
2. 富邦集團：銀行、證券、保險、電信、電商、有線電視等。

（五）全球化布局成長戰略，例如：

1. 台積電：在美國、日本（熊本）、德國、中國均設立晶片半導體製造工廠。
2. 鴻海集團：在中國（鄭州、深圳）、印度、越南、泰國、墨西哥、歐洲等十多個國家，均設有製造工廠。

（六）一條龍營運成長戰略，例如：

1. 寬宏展演公司：從表演團體代理引進網路售票、行銷宣傳、現場搭景布置，也是一條龍作業。
2. 葡萄王公司：益生菌從研發、製造、銷售、服務，均是一條龍作業。

（七）擴增國內製造工廠成長戰略，例如：

　　台積電：從竹科、中科（臺中）、南科（臺南）、高雄等 4 個據點，不斷擴增國內製造工廠。

（八）既有事業深耕、擴張成長戰略，例如：

　　1. 統一企業：在本業食品及飲料上，不斷深耕產品別及新品牌別的擴大成長。

　　2. 遠東零售集團：在零售本業上，不斷深耕及擴張 SOGO 百貨及遠東百貨經營。

（九）新事業開拓成長戰略，例如：

　　統一超商：除 7-11 超商本業外，也積極開拓新事業，例如星巴克、康是美、聖娜麵包、多拿滋甜甜圈、博客來網購、菲律賓 7-11、中國 7-11 等新領域事業拓展。

（十）新車型成長戰略，例如：

　　和泰 TOYOTA 汽車：近 10 多年來，每 2 年推出新車型，包括 Vios、Altis、Camry、Cross、Corolla、Prius、Sienta、Wish、Yaris、Crown、Alphard、Century、RAV4……等近一、二十款新車型，帶動每年業績成長。

（十一）自有品牌成長戰略，例如：

　　1. 統一超商：iselect、Unidesign、7-11、星級饗宴、City Cafe、City Prima、City Tea、City 珍奶等。

　　2. 全聯超市：美味屋、We Sweet 甜點、阪急麵包等。

二、企業全方位戰略的面向與範圍

計有十大面向與範圍，如下：

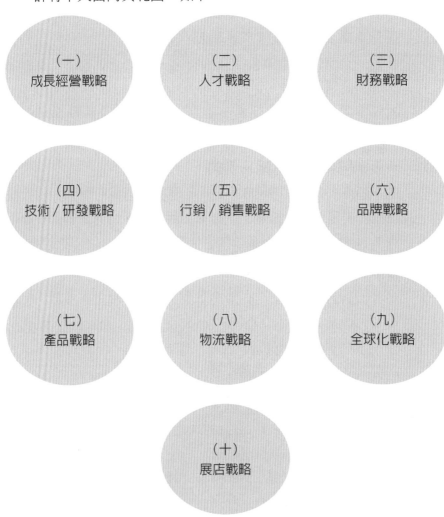

（一）
成長經營戰略

（二）
人才戰略

（三）
財務戰略

（四）
技術／研發戰略

（五）
行銷／銷售戰略

（六）
品牌戰略

（七）
產品戰略

（八）
物流戰略

（九）
全球化戰略

（十）
展店戰略

三、成長戰略全方位整體架構圖示（作者戴國良整理繪製）

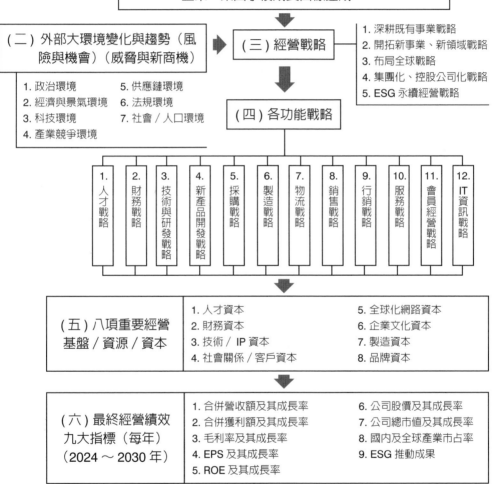

（一）· 中長期（2024 ～ 2030 年）經營計劃與願景
　　　· 企業、集團永續成長目標達成

（二）外部大環境變化與趨勢（風險與機會）（威脅與新商機）

1. 政治環境　　　5. 供應鏈環境
2. 經濟與景氣環境　6. 法規環境
3. 科技環境　　　7. 社會／人口環境
4. 產業競爭環境

（三）經營戰略

1. 深耕既有事業戰略
2. 開拓新事業、新領域戰略
3. 布局全球戰略
4. 集團化、控股公司化戰略
5. ESG 永續經營戰略

（四）各功能戰略

1. 人才戰略
2. 財務戰略
3. 技術與研發戰略
4. 新產品開發戰略
5. 採購戰略
6. 製造戰略
7. 物流戰略
8. 銷售戰略
9. 行銷戰略
10. 服務戰略
11. 會員經營戰略
12. IT 資訊戰略

（五）八項重要經營基盤／資源／資本

1. 人才資本　　　5. 全球化網路資本
2. 財務資本　　　6. 企業文化資本
3. 技術／IP 資本　7. 製造資本
4. 社會關係／客戶資本　8. 品牌資本

（六）最終經營績效九大指標（每年）（2024 ～ 2030 年）

1. 合併營收額及其成長率　6. 公司股價及其成長率
2. 合併獲利額及其成長率　7. 公司總市值及其成長率
3. 毛利率及其成長率　　　8. 國內及全球產業市占率
4. EPS 及其成長率　　　9. ESG 推動成果
5. ROE 及其成長率

（七）成長戰略專責組織

1. 經營企劃部
2. 集團成長戰略規劃推動委員會

四、154 個成長戰略關鍵字及重要觀念

1. Value Creation Model
（價值創造模式）

2. 價值創造五大源泉：
(1) 人才資本 (4) IP、技術資本
(2) 財務資本 (5) 製造資本
(3) 全球化資本

3. EVA 經營
（經濟附加價值經營）

4. 兩利經營：
既有事業＋新事業，
均要經營很好、很用心

5. ESG 實踐：
E：環境保護、節能減碳
S：社會關懷、社會責任
G：公司治理、正派經營

6. 朝數位轉型推進

7. 人才開發及活用的
最大化發揮

8. 永續經營
（Sustainable Business）

9. 成長型經營
（Growth Model Business）

10. 合併年營收額、
合併年獲利額、
合併 EPS、
合併 ROE

11. 事業投資區分三類：
(1) 穩固安定獲利事業領域
(2) 增加未來成長事業啟動領域
(3) 改善需要改革事業領域

12. 對「事業經營組合」
管理的強化、最佳化、
最適化
（Business Portfolio）

13. 經常性保持對現狀經營不滿，追求好，還要更好

14. 企業要持續性革新、改革、變革、創新、求進步

15. 企業不要害怕創新失敗，有失敗，才會有成功機會

16. 未來成長二面：
(1) 從既有技術、新技術著手
(2) 從既有市場、新市場著手

17. 人才戰略，就是追求員工個人＋組織能力的最大化發揮

18. 消費品行業，要特別注重銷售戰略＋行銷戰略強化與發揮

19. 公司價值鏈
（Corporate Value-chain）

20. 公司價值鏈就是指在這些活動上發揮更大價值：
(1) 技術與研發　　(4) 採購　　(7) 銷售
(2) 新商品開發　　(5) 製造　　(8) 行銷
(3) 設計　　　　　(6) 物流　　(9) 服務

21. 現在企業都必須面對嚴厲與高度的國內／國外競爭壓力

22. 朝向全球化經營、管理與品牌行銷

23. 企業成長原動力，就在於企業有強大的「經營基盤」

24. 加強投入科技研發，就能保持企業的領先與成長

25. 做好各方利益關係人的回饋，包括：
(1) 大眾股東　(4) 供應商
(2) 全體員工　(5) 客戶
(3) 董事會　　(6) 社會

26. 企業必須集中大多數經營資源在「成長事業領域」

27. 邁向 CSV 企業（Creating Share Value）：創造共享的企業，兼顧企業與社會的利益

28. 盡可能運用價值競爭，而不要用低價格競爭

29. 企業應努力提高更高、更多的附加價值出來，成長道路才會走得遠

30. 強調「組織能力」的強化與全面提升（Organizational Capability）

31. 永保「成長型」企業，創造企業價值最大化（Growth-value）

32. 企業必須持續深耕、深化既有事業（本業），守住既有事業的獲利性

33. 企業應大膽往新領域、新事業、新成長空間挑戰前進

34. 對成長領域的事業體，必須持續大力投資，才能保持領先

35. 企業要加強培育未來「經營型」人才，保持企業的成長

36. 企業必須做好「ESG 永續經營」的全力實踐

37. 數位化及 AI 化，是產業競爭的必要條件

38. 全球化企業必須注意全球各區域的任何變化

39. 透過供應鏈，創造我們獨特的價值

40. 要對應消費者對老年化及健康化的新需求

41. 要向國際化市場更加速推進及成長

42. 集團仍要保持每年營收 3 ～ 5% 的成長性

43. 要加大「PB 自有品牌」事業的繼續擴大及成長，以建立起自身特色

44. 我們要成為 360 度全方位事業的創造者

45. 堅持「挑戰」與「創造」的企業價值觀

46. 要積極訂下未來中長期（2024 ～ 2030 年）經營計劃

47. 創造永續性未來（Creating Sustainable Future）

48. 我們擁有強大的「集團人才」

49. 要全力開展我們的「核心」＋「周邊」事業拓展

50. 要持續向上提升公司的「企業價值」

51. 「人才」＋「戰略」是集團成長的二大核心點

52. 要持續強化及提升整個「集團經營力」

53. 要朝「多樣化人才」的根本戰略，大力推進

54. 新事業的形成有三
個階段：
(1) 先創造
(2) 再育成
(3) 最後擴大開展

55. 針對未來 10 年經營計
劃，要先抉擇出三件事：
(1) 重點領域
(2) 重點課題
(3) 戰略是什麼

56. 制訂集團成長戰略
及計劃之前，必須先做
好外部大環境變化與逆
勢的分析及判斷

57. 公司「生產力」仍
有很多向上提升的面向
與必需性

58. 要把集團「人才資
本」做出最大的活用及
發揮

59. 企業對外的任何重
大投資案件，雖要大膽，
但也要嚴選與全方位
評估

60. 零售業每個年度必
須有「新主張」及
「新 Slogan」

61. 企業面對環境變化
很大，必須成立「集團
大變革執行委員會」

62. 永遠要追求集團化
企業的成長

63. 推出「集團挑戰
2030 年的願景口號」

64. 便利商店經營的二
大軸心，即是：
(1) 商品戰略
(2) 營業戰略

65. 成立「ESG 推動
委員會」

66. 企業每年必須有「新
價值」，提供給顧客感
受到

67. 企業必須不斷開發
出符合顧客需求與期待
的新商品及新服務

68. 提高每個門市店的
坪效，是每天的任務

69. 公司競爭力的兩大核心，即是：
(1) 戰略
(2) 營運力

70. 面對顧客多變化的需求，企業必須有快速且正確的應對力

71. 公司必須成立「Operation 營運戰略部」以提升營運過程中的效率與價值出來

72. 讓公司與集團的品牌價值，在全球發光發亮

73. 要做好使每個員工都能活躍化的制度整備

74. 在擴大投資的時刻，也要做好集團風險的管理

75. 要策訂好中長期（2024～2030 年）成長型戰略投資計劃

76. 企業要專注、聚焦在「核心價值」的不斷創造

77. 提供安全、安心、健康的商品與服務，是我們不變的根本原則

78. 集團的成長戰略，就集中在二個：
(1) 2030 年中長期經營計劃
(2) 永續經營計劃

79. 每年的成長戰略，必須有一個「核心點」及「聚焦點」

80. 企業的成長戰略，也必須顧及外部大環境及整個社會結構的變化

81. 日本 7-11 公司的四大戰略，即是：
(1) 展店戰略
(2) 商品戰略
(3) 促銷戰略
(4) 門市店營運戰略

82. 公司治理要持續深化下去，企業價值要持續向上提升

83. 公司是：
人才＋科技組成的公司

84. 要採取多個 SBU（戰略利潤中心）的制度去運作，企業才會真正成長

85. 公司價值的源泉：
(1) 創新的創造力
(2) 技術潮流掌握
(3) 全球化多樣性人才

86. 財務戰略要考慮：
(1) 全球資金調配
(2) 資金成本下降

87. Business Model（事業經營模式）

88. 非常強大的經營基盤與資源

89. 對既有商品競爭力的強化

90. 對新規事業積極的創出

91. 貫徹現場主義（門市店、各賣場）的第一優先

92. 對海外市場加速擴大及在地化

93. 對人才多樣化的人事制度的改革

94. 落實公司治理（加強各子公司董事會功能）

95. 財務健全提升（確保現流）

96. 對各個利潤中心（BU）的經營資源分配

97. 每年舉辦二次 BU 的戰略會議檢討

98. 成立「全球化創新推進委員會」

99. 對集團「事業戰略組合」的再強化及改革

100. 對「事業戰略管理」的再強化

101. 「未來價值創造」是公司最重要課題

102. 對次世代事業創出要加速

103. 對成長事業領域的集中投資與事業擴大

104. 企業文化再改革及再強化

105. 未來必須加強「創新經營」

106. 對顧客便利性的徹底追求

107. 人才育成戰略必須與集團經營戰略相一致、相配合

108. Value from Innovation（價值來自創新）

109. 對新事業的評估，要看二大方向：
(1) 未來成長性
(2) 未來獲利性

110. 要確保顧客的信賴性及高市占率

111. 持續保持優越生產技術及品質管理

112. Change for Better（改變，是為了更好）

113. 公司兩大重要課題：
(1) 永續經營
(2) 公司治理

114. 兩大經營體質再強化：
(1) 成本控制
(2) 生產力再提升

115. 2030 年願景目標：
(1) 技術 No. 1 戰略
(2) 全球 No. 1 戰略

116. 集團獲利力再強化、再提升

117. 資金運用力強化及事業費用效率化

118. 對外部環境要再認識及做好充分準備

119. 人才的多樣化、活性化、挑戰化，是未來重中之重

120. SQDC 實踐（安全、品質、交期、成本）

121. 經營決策的速度及品質再提升

122. 對集團七大事業群的再深耕及再強化

123. 全球化人才的育成及採用

124. 要固守住經營基盤

125. 更具魅力新車型的開發及上市

126. 持續品牌價值向上提升

127. 提升三大價值：
(1) 企業價值上升
(2) 股東價值上升
(3) 社會價值上升

128. 持續壯大既有「六大事業經營組合」的再鞏固及再成長

129. 攸關未來成長二大核心：
(1) 人才成長
(2) 技術革新

130. 未來獲利結構的三大事業領域：
(1) 成熟事業
(2) 成長事業
(3) 新興事業

131. 人才及組織戰鬥力的最大化發揮

132. 集團非常強項：
(1) 獨有、特別的技術力
(2) 高附加價值商品及服務
(3) 強大客戶基盤

133. 對事業經營組合要加速變革：
(1) 擴充三個成長事業
(2) 次世代事業加速育成
(3) 既有事業競爭力強化

134. 全球品牌的深化，帶動海外市場成長

135. 要加速對新事業領域的推進

136. 持續成長三個重點：
(1) 需求開發
(2) 品牌浸透
(3) 市場開拓

137. 支撐經營戰略的人才及組織基盤變革

138. 對戰略核心技術：
(1) 要保持領先性
(2) 要十足強大

139. 對每日經營效率的改善追求，達到每日卓越營運

140. 要展開 Cost（成本）構造改革

141. 公司價值觀：
誠實、熱情、多樣性

142. 價值創造二大源泉：
(1) 人才
(2) 技術

143. 持續提高顧客滿意度及品牌忠誠度

144. 打造出「最值得信賴與成長」的集團

145. Quality Build Trust（品質建立起信賴）

146. 要追求具有品質的成長

147. 集團三種重要會議：
(1) 經營戰略會議
(2) 事業群戰略會議
(3) 全球化戰略會議

148. 公司設立「永續長」（CSO）企業永續經營

149. 財務戰略三支柱：
(1) 安全性追求
(2) 成長性追求
(3) 效率性追求

150. 打造集團未來四大成長戰略：
(1) 全球戰略 (3) 永續戰略
(2) 商品戰略 (4) 新事業戰略

151. 要認真看待外部大環境的主要課題及其影響評估

152. 對公司的核心能力及經營基盤，要再深化及鞏固

153. 聚焦三個核心：
(1) 核心市場
(2) 核心科技
(3) 核心產品

154. 追求三個第一：
(1) 品質第一
(2) 品牌第一
(3) 顧客第一

第 8 則
人才戰略管理

一、何謂「DEI」

　　近年來，日本各大企業在「人才戰略管理」上，推動最積極的，就是「DEI」事項了。何謂「DEI」呢？如下述：

（一）D：Diversity，意指人才多樣化、多元化、多價值觀化、多技能化。

（二）E：Equity，意指人才必須平等化、公平化、公正化；即不管是何國籍、年齡、性別、年資、宗教、種族，都應盡可能加以平等化對待。

（三）I：Inclusion，意指對人才要包容性及共融化。

　　能做好上述三項，就能做好人資的工作了。

二、何謂「經營型人才」培育

　　在日本上市大型公司中，對於各階層的教育訓練及培育人才計劃中，最看重的就是對「經營型人才」的育成了。所謂「經營型人才」，係指：

（一） 能為公司賺錢、獲利的人才	（二） 屬於高階的幹部人才

（三）
能具創造力及創新力的人才

（四）
能具挑戰心的人才

（五）
是未來高階總經理、高階執行長、高階營運長的最佳儲備人才

（六）
能創造出賺錢的新事業體或新事業模式

（七）
具有領導力、管理力、前瞻力的領導性人才

三、個人能力＋組織能力，兩者並重

　　第三個人資最新趨勢，就是公司對於人才能力的養成及強大，必須兩者並重齊發，亦即：

（一）員工個人能力的強大發揮。

（二）公司各部門、各工廠、各中心組織能力的強大發揮。

　　如果，能夠結合「個人能力＋組織能力」，那將是全公司戰鬥力與競爭力的最大發揮，公司必會成功經營。

（一）個人能力之英文：Personal Capability。

（二）組織能力之英文：Organizational Capability。

四、員工參與感提升（Engagement）

　　日本上市大公司最近也很重視員工對公司經營的「參與感受」，每年經常做此方面的員工調查。平均參與感受的好感度約在 70～75% 之間；即每 10 個員工中，有 7 個員工對參與公司經營的好感受。

　　此調查目的係指，當員工對公司經營的參與感、參與度比例愈高時，代表員工對融入公司、願與公司一起打拼的動機就愈高，所發揮的潛能就愈大，最終對公司壯大的幫助也會貢獻更多。

五、職場環境及員工健康／安全的改善、改良

　　最後一個人資新趨勢，就是近幾年來，國內外各大企業愈來愈重視，如下：

（一）
職場環境／工作環境的
改良、改善

（二）
員工健康及工作安全的
加強

（三）
對員工人權的重視

六、人才資本戰略總體架構圖示（作者戴國良整理繪製）

（二）人資長的戰略角色 （一）建立根本觀念
・ 得人才者，得天下也
・ 人才，是公司最寶貴、最重要的資產價值
 （三）人資管理的戰略原則

（四）做好：人才戰略工作十三項

| 1.吸才戰略（吸引人才） | 2.招才戰略（招募人才） | 3.用才戰略（運用人才） | 4.晉才戰略（晉升人才） | 5.培才戰略（培訓人才） | 6.獎才戰略（獎勵人才） | 7.留才戰略（留住人才） | 8.授才戰略（授權人才） | 9.長才戰略（成長人才） | 10.貢才戰略（人才貢獻） | 11.考才戰略（考核人才） | 12.歷才戰略（歷練人才） | 13.多才戰略（多樣人才） |

（五）發揮人才戰略功能七項

1. 職場與工作環境不斷改善及優化
2. 優良企業文化、組織文化的形塑
3. 員工健康、安全、友善的促進
4. 每位員工不斷成長、進步，發揮最大潛能
5. 個人能力與組織能力並進、團隊合作
6. 人事戰略與經營戰略的密切配合及連結性
7. 人事制度不斷改革、變革

（六）人才戰略的最終好成果

1. 不斷創造公司、集團最高新價值
2. 保持公司營收及獲利的不斷成長，邁向永續經營
3. 不斷深化公司核心能力（Core-competence）與競爭優勢（Competitive Advantage）
4. 累積公司更大競爭實力
5. 保持產業領先地位與市場領導品牌
6. 開拓未來 10 年中長期事業版圖的不斷擴張及延伸，壯大事業永續經營
7. 實踐公司、集團最終企業願景

第9則
CSV 企業與 CSR 企業

一、何謂 CSV 企業

　　所謂 CSV 企業，英文即是「Creating Share Value」（創造共享價值的企業），企業不應只是爲了企業自身的經濟價值及獲利價值，而更要去負擔「社會面」的經濟價值才行，如下圖示：

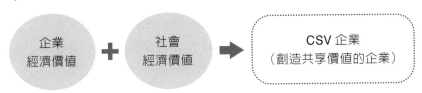

　　所以，CSV 企業除了要獲利賺錢，回饋給董事會、大衆股東及全體員工之外；更要以具體行動，來回饋給社會全體，包括：救助弱勢團體、偏鄉原住民、癌症病童、各種慈善基金捐款、獨居老人、罕見疾病患者、各級學校獎學金、藝文活動、環保活動、節能減碳、員工捐血等活動的贊助及大力協助。

二、何謂 CSR 企業

所謂「CSR」，英文是「Corporate Social Responsibility」，故 CSR 企業就是指「能夠善盡企業社會責任的企業」。所以，「CSR 企業」與上述的「CSV 企業」是有點類似的，只是英文的說法不太一樣而已。

CSR 企業的說法，主要是針對歐、美、日大企業，認為在「資本主義」優勝劣敗的淘汰中，企業規模日益擴大，而且貧富差距日益擴大，富者愈富、窮者愈窮。因此，有「慈悲資本主義」的呼聲，希望這些歐、美、日超大型企業能夠「取之社會、用之社會」，多做一些對社會孤、老、病、弱、窮的族群，給予一些實質物質上及經濟上的幫助。

公司經營基盤

一、何謂公司經營基盤？六大資本基盤項目

所謂公司「經營基盤」（Business Basic），就是指：成就公司營運成功的最根基的盤及經營資源；如果這個資源及基盤是很鞏固的、很有競爭力的、很有實力的、很耐用的、很有高附加價值的、很有累積性的，那麼企業就不怕任何競爭對手，也不怕環境如何變化及不利改變。

這個「經營基盤」包括下列六大項目，日本大企業習慣把它們稱爲「資本項目」，如下：

（一） 人才資本 （Talent Capital）	（二） 財務資本 （Finance Capital）	（三） 研發與 IP 資本 （R&D Capital）
（四） 製造資本 （Manufacture Capital）	（五） 社會關係資本 （Social Relations Capital）	（六） 全球網路資本 （Global Network Capital）

二、何謂公司「價值鏈」（Value-chain）

公司「價值鏈」就是指公司在日常營運過程中，可以產出更高價值的地方。整個公司「價值鏈」又可區分爲二大類：

（一）主力營運部門價值

包括：研發／技術→設計→採購→製造→品管→物流→行銷與銷售→售後服務→會員經營→ESG 等十個單位部門。這十個部門的通力合作，才能產出更好的產品及服務出來，也才能賣掉產品，取得銷售收入。

（二）幕僚支援部門價值

包括：財會、資訊、人資、企劃、法務、稽核、總務、股務、特助群等九個部門，所提供第一線營運單位的各種幕僚支援工作與功能性工作。總之，透過這兩大類各部門的團隊合作，才能產出公司的營收及利潤出來；所以，這兩大類部門就是公司非常重要的「價值鏈」的各種環節所在。公司要努力的就是：如何提高、提升及如何強化這些「高附加價值」（High-value-added）的產出，這是最大的核心所在。

三、公司「經營基盤」＋公司「價值鏈」，公司總體強大競爭力

最後，如果能夠結合公司六項堅實的「經營基盤」，加上公司二大類的「價值鏈」，必然會產生出公司總體強大競爭力而所向無敵了。

第 11 則
兩利企業

　　在日本上市大型公司每年度的「統合報告書」（即臺灣上市公司的年報），經常出現他們追求的是「兩利企業」的成長型企業。此「兩利企業」的意涵，指公司必須在兩大領域中同時追求並進式的成長戰略。即：

（一）在既有事業領域持續追求深耕市場，並擴大市場的成長。

（二）在新事業領域中也要加速去探索、去規劃、去開拓出未來新的事業營收及獲利來源的成長。

　　所以，「兩利企業」就是指追求「雙成長」的企業經營模式，如下圖示：

兩利企業（雙成長企業）

(一) 在既有事業領域持續追求深耕及擴大市場成長		(二) 在新事業領域中也要加速投入及拓展出來

在兩大領域中都要追求持續性成長及開拓，
以保持事業集團的永續及長期經營

第 12 則
戰略力＋營運力

很多日本上市大公司在他們的「統合報告書」（即年報）中，經常提到：公司經營致勝要靠強大的兩大支柱。

一、支柱之一：戰略力

正確的經營戰略（Business Strategy），此戰略又包括下列各項子戰略：

（一）
人才戰略

（二）
財務戰略

（三）
技術與研發戰略

（四）
製造戰略

（五）
ESG 永續戰略

（六）
全球化經營戰略

（七）
成長戰略

二、支柱之二：營運力

強大的營運力（Operation），包括如下循環流程的營運價值產生：

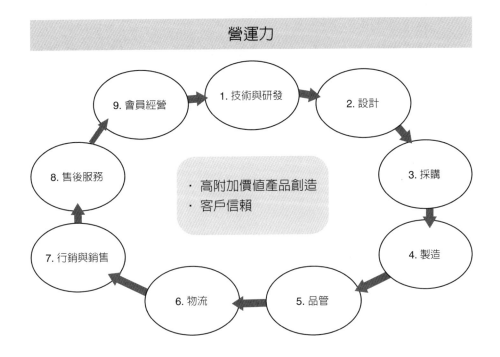

總結來說，即是兩大支柱的全力發揮及持續壯大：

第 13 則

企業最終經營績效七指標及三率三升

一、企業最終經營績效七指標

　　企業經營，各部門、各工廠都有他們的經營績效指標；但歸結到最後，企業比拼的就是如下七大指標：

（一） 營收額及其 成長率	（二） 獲利額及其 獲利成長率	（三） EPS（每股 盈餘多少 及其成長率）	（四） ROE（股東 權益報酬率）

（五） 毛利率及 其成長率	（六） 公司股價	（七） 公司總市值

　　從上述指標來看，營收額及獲利額（率），應該是最重要的兩個核心指標，所以，每家公司每個年度，都在追求營收及獲利的「成長型」經營成果。只要這兩個核心指標做不好，其它各項指標就不會好了。

二、何謂「三率三升」

　　所謂「三率三升」的企業，就是好企業、優良企業，因此，這三率指的就是損益表中的三個比率，即：

（一）
毛利率上升

（二）
營業淨利率上升
（即本業的淨利率
上升）

（三）
稅前獲利率上升

　　能夠不斷獲得「三率三升」的企業，代表它的市場競爭力強大、先進技術力領先、人才力豐沛、財務力堅實、產品力有好口碑，並獲得顧客信賴，才會有此「三率三升」的佳績。

第 14 則
完整的年度經營計劃書撰寫內容

　　面對歲末以及新的一年來臨之際，國內外比較具規模及制度化的優良公司，通常都要撰寫未來 3 年的「中長期經營計劃書」或未來 1 年的「今年度經營計劃書」，作為未來經營方針、經營目標、經營計劃、經營執行及經營考核的全方位參考依據。古人所謂「運籌帷幄，決勝千里之外」即是此意。

　　若有完整周詳的事前「經營計劃書」，再加上強大的「執行力」，以及執行過程中的必要「機動、彈性調整」對策，必然可以保證獲得最佳的經營績效成果。另外，一份完整、明確、有效、可行的「經營計劃書」也代表著該公司或該事業部門知道「為何而戰」，並且「力求勝戰」。

　　然而一個完整的公司年度經營計劃書應包括哪些內容？本單元提供以下案例作為撰寫經營計劃書的參考版本。由於各公司及各事業總部的營運行業及特性均有所不同，故可視狀況酌予增刪或調整使用。

一、去年度經營績效回顧與總檢討

本部分內容包括：

（一）損益表經營績效總檢討（含營收、成本、毛利、費用及損益等實績與預算相比較，以及與去年同期相比較）。

（二）各組業務執行績效總檢討。

（三）組織與人力績效總檢討。

二、今年度經營大環境深度分析與趨勢預判

本部分內容包括：

（一）產業與市場環境分析及趨勢預測。

（二）競爭者環境分析及趨勢預測。

（三）外部綜合環境因素分析及趨勢預測。

（四）消費者／客戶環境因素分析及趨勢預測。

三、今年度本事業部／本公司經營績效目標訂定

本部分內容包括：

（一）損益表預估（各月別）及工作底稿說明。

（二）其他經營績效目標，可能包括：加盟店數、直營店數、會員人數、客單價、來客數、市占率、品牌知名度、顧客滿意度、收視率目標、新商品數等各項數據目標及非數據目標。

四、今年度本事業部／本公司經營方針訂定

本部分內容可能包括：降低成本、組織改造、提高收視率、提升市占率、提升品牌知名度、追求獲利經營、策略聯盟、布局全球、拓展周邊新事業、建立通路、開發新收入來源、併購成長、深耕核心本業、建置顧客資料庫、擴大電話行銷平臺、強化集團資源整合運用、擴大營收、虛實通路並進、高品質經營政策、加速展店、全速推動中堅幹部培訓、提升組織戰力、公益經營、落實顧客導向、邁向新年度新願景等各項不同的經營方針。

五、今年度本事業部／本公司贏的策略訂定

本部分內容可能包括：差異化策略、低成本策略、利基市場策略、行銷 4P 策略（即產品策略、通路策略、推廣策略及訂價策略）、併購策略、策略聯盟策略、平臺化策略、垂直整合策略、水平整合策略、新市場拓展策略、國際化策略、品牌策略、集團資源整合策略、事業分割策略、掛牌上市策略、組織與人力革新策略、轉型策略、專注核心事業策略、品牌打造策略、市場區隔策略、管理革新策略，以及各種業務創新策略等。

六、今年度本事業部／本公司具體營運計劃訂定

本部分內容可能包括：業務銷售計劃、商品開發計劃、委外生產／採購計劃、行銷企劃、電話行銷計劃、物流計劃、資訊化計劃、售後服務計劃、會員經營計劃、組織與人力計劃、培訓計劃、關係企業資源整合計劃、品管計劃、節目計劃、公關計劃、海外事業計劃、管理制度計劃，以及其他各項未列出的必要項目計劃。

七、提請集團各關企與總管理處支援協助事項

經營計劃書的邏輯架構如下：

（一）
去年度經營績效與總檢討

（二）
今年度「經營大環境」分析與趨勢預判

（三）
今年度本事業部／本公司「經營績效目標」訂定

（四）
今年度本事業部／本公司「經營方針」訂定

（五）
今年度本事業部／本公司贏的「競爭策略」與「成長策略訂定」

（六）
今年度本事業部／本公司「具體營運計劃」訂定

（七）
提請集團「各關企」與集團「總管理處」支援協助事項

（八）
結語與恭請裁示

產業獲利五力分析

　　哈佛大學著名的管理策略學者麥可‧波特（Michael Porter）曾在其名著《競爭優勢》（*Competitive Advantage*）書中提出影響產業（或企業）發展與利潤之五種競爭的動力。

一、產業獲利五力的形成

　　波特教授當時在研究過幾個國家不同產業之後，發現為什麼有些產業可以賺錢獲利，有些產業不易賺錢獲利。後來，波特教授總結出五種原因，或稱為五種力量，這五種力量會影響這個產業或這個公司是否能夠獲利或獲利程度的大與小。例如：如果某一個產業，經過分析後發現：

（一）現有廠商之間的競爭壓力不大，廠商也不算太多。

（二）未來潛在進入者的競爭可能性也不大，就算有，也不是很強的競爭對手。

（三）未來也不太有替代的創新產品可以取代我們。

（四）我們跟上游零組件供應商的談判力量還算不錯，上游廠商也配合很好。

（五）在下游顧客方面，我們產品在各方面也會令顧客滿意，短期內彼此談判條件也不會大幅改變。

　　如果在上述五種力量狀況下，我們公司在此產業內，就較容易獲利，而此產業也算是比較可以賺錢的行業。當然，有些傳統產業雖然五種力量都不是很好，但如果他們公司的品牌或營收、市占率是屬於行業內的第一品牌或第二品牌，仍然是有賺錢獲利的機會。

二、獲利五力的說明與分析

（一）新進入者的威脅

　　當產業之進入障礙很少時，將在短期內會有很多業者競相進入，爭食市場大餅，此將導致供過於求與價格競爭。因此，新進入者的威脅，端視其「進入障礙」程度為何而定。而廠商進入障礙可能有七種：1. 規模經濟；2. 產品差異化；3. 資金需求；4. 轉換成本；5. 配銷通路；6. 政府政策；7. 其他成本不利因素。

（二）現有廠商間的競爭狀況

　　即指同業爭食市場大餅，採用手段有：1. 價格競爭——降價；2. 非價格競爭——廣告戰、促銷戰；3. 造謠、夾攻、中傷。

（三）替代品的壓力

　　替代品的產生，將使原有產品快速老化其市場生命。

（四）客戶的議價力量

　　如果客戶對廠商之成本來源、價格有所了解，而且具有採購上優勢時，則將形成對供應廠商之議價壓力，亦即要求降價。

（五）供應廠商的議價力量

　　供應廠商由於來源的多寡、替代品的競爭力、向下游整合力量等

之強弱，形成對某一種產業廠商之議價力量。另外一個行銷學者基根（Geegan）則認為，政府與總體環境的力量也應該考慮進去。

產業五力架構圖

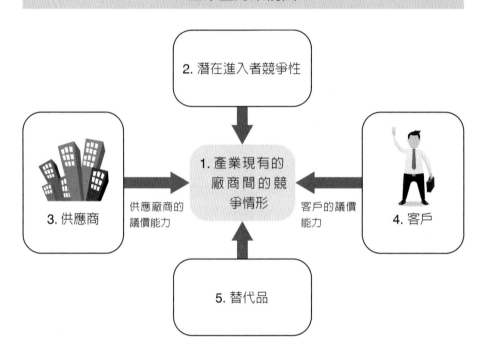

第 16 則
三種層級策略與形成

　　若從公司（或集團）的組織架構推演來看策略的研訂，以及從策略層級角度來看，策略可區分為三種類型，而形成策略管理的過程，可以區分為五個過程，以下說明之。

一、策略的三種層級

　　從公司組織架構，我們可以發展出以下三種策略層級：

（一）總公司或集團事業版圖策略

　　例如富邦金控集團策略、統一超商流通次集團策略、宏碁資訊集團策略、東森媒體集團策略、鴻海電子集團策略、台塑石化集團策略、廣達電腦集團策略、金仁寶集團策略等。

（二）事業總部營運策略

　　例如筆記型電腦事業部、伺服器事業部、列表機事業部、桌上型電腦事業部及顯示器事業部之營運策略，包括成本優勢、產品差異化、利基優勢的策略，以及策略聯盟合資與異業合作者。（註：SBU 係為 Strategic Business Unit 戰略事業單位，國內稱為事業總部或事業群。此係指將某產品群的研發、

採購、生產及行銷等,均交由事業總部最高主管負責。)

(三)執行功能策略

　　從各部門實際執行面來看,大致有業務行銷、財務、製造生產、研發、人力資源、法務、採購、工程、品管、全球運籌等功能策略。

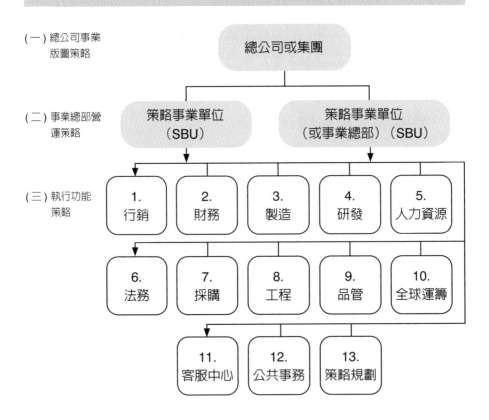

策略層級三種分類

(一)總公司事業版圖策略 — 總公司或集團

(二)事業總部營運策略 — 策略事業單位(SBU) / 策略事業單位(或事業總部)(SBU)

(三)執行功能策略:
1. 行銷
2. 財務
3. 製造
4. 研發
5. 人力資源
6. 法務
7. 採購
8. 工程
9. 品管
10. 全球運籌
11. 客服中心
12. 公共事務
13. 策略規劃

二、策略的形成與管理

有了上述公司組織層面的三種策略層級為基礎，再來就是策略的形成與管理，可以區分為五個過程，包括：

（一）對企業外部環境展開偵測、調查、分析、評估、推演與最後判斷

這個階段非常重要，一旦無法掌握環境快速變化的本質、方向，以及對我們的影響力道，而做出錯誤判斷或太晚下決定，則企業就會面臨困境，而使績效倒退。

（二）策略形成

策略不是一朝一夕就形成，它是不斷的發展、討論、分析及判斷形成的，甚至還要做一些測試或嘗試，然後再正式形成。當然策略一旦形成，也不是說不可改變。事實上，策略也經常在改變，因為原先的策略如果效果不顯著或不太對，馬上就要調整策略了。

（三）策略執行

執行力是重要的，一個好的策略，而執行不力、不貫徹或執行偏差，都會使策略大打折扣。

（四）評估、控制

執行之後，必須觀察策略的效益如何，而且要及時調整改善，做好控制。

（五）回饋與調整

如果原先策略無法達成目標，表示策略有問題，必須調整及改變，以新的策略及方案執行，一直要到有好的效果出現才行。

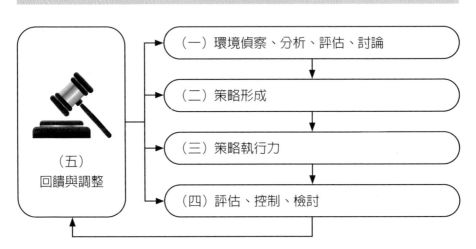

策略形成過程

（五）回饋與調整

（一）環境偵察、分析、評估、討論

（二）策略形成

（三）策略執行力

（四）評估、控制、檢討

敏捷型組織與管理

一、企業面對巨變的環境

（一）現在全球企業都面對了一個 VUCA 的環境，即：

    1. 波動（Volatile）：變化速度加快。

    2. 不確定（Uncertain）：缺乏可預測性。

    3. 複雜（Complex）：因果關係相互關連性複雜。

    4. 模糊（Ambiguous）：事件本身模糊不清。

（二）企業面對 VUCA 巨變環境，使得企業經營的風險升高，企業不再一帆風順，企業面對更多的挑戰及更多的困境。

二、組織敏捷性（Organizational Agility）

    敏捷性是什麼？最簡單的定義就是：企業針對環境變化，必須進行快速偵測及快速回應，才能維持其市場地位的一種組織能力。

敏捷性 ＝ 敏銳 ＋ 快速

　　企業組織面對快速變化的外部環境，迫使企業必須快速回應及快速應變，因此，愈來愈多企業開始重視它們內部組織體的「組織敏捷性」及「敏捷能力」。

三、企業面對哪些環境的變化

　　現在企業面對全球及國內哪些環境的快速變化呢？如下：

（一） 疫情變化	（二） 科技／技術突破變化	（三） 少子化變化
（四） 老年化變化	（五） 全球局部戰爭變化	（六） 中美兩大強國政治、 軍事、經濟變化
（七） 跨界競界變化	（八） 政府政策／法令變化	（九） 全球供應鏈變化
（十） 貧窮人口愈多變化、 社會對立變化	（十一） 全球通貨膨脹變化	（十二） 升息變化
（十三） 全球經濟景氣變化	（十四） 全球減碳環境變化	

四、從七大面向實踐敏捷性管理

　　企業面對多變、巨變的環境，應盡速打造出敏捷性的組織及建立敏捷性的經營管理文化出來。因此，企業可以從下面七大面向，加速實踐敏捷性管理。

（一）組織結構（Organization Structure）

　　如何使組織結構更加扁平化、短小化、分散化、分權化、加速化、層級減少化、官僚批示減少化。

（二）人員（Employee）

　　如何使全體員工建立起敏捷管理及敏捷經營的思維、理念、信念、指針，從思想到行動，都要切實、落實、貫徹，人員能改變了，企業自然就會改變了。

（三）制度（Systems）

　　如何在企業營運的各種制度、規章、辦法都能加以敏捷化。要盡力掃除太複雜、太干擾、太不當的、過時的各種制度，不要被制度綁住了。因此，制度必須改變、改良。

（四）作業流程（Operation Process）

　　舉凡採購、生產／製造、品管物流、新產品開發、技術研發、售後服務、門市銷售、鋪貨上架等內部作業流程，都必須加以敏捷化、精簡化、效率提升化、自動化、用人減少化等。

（五）策略（Strategy）

　　在制定策略方向、方式、分析等選擇時，也必須加快敏捷化，不必討論及思考太久；策略萬一有錯，也可以快速修正過來，但不能拖

太久不訂下未來應走的策略。

（六）決策（Decision-making）

　　舉凡研發決策、新產品決策、製造決策、業務決策、行銷決策、服務決策、人資決策、競爭決策等，都必須加快速度，不能延滯不決，也不能議而不快，決策趕快做下，可以邊做、邊修、邊改，直到決策正確、精準、有效果為止。

（七）科技應用面向（Technology）

　　要達成敏捷經營，必要的資訊 IT、人工智慧 AI、自動化科技、大數據等科技工具、方法、系統都必須有效的導入，才可以加速達成敏捷化經營與管理的目標。

企業打造高績效組織的十五大要素

任何企業要打造出一個高績效組織，必須具備下列要素：

一、高薪獎

（一）唯有高薪獎，才能吸引好人才，才能留住好人才。

（二）高月薪、高獎金、高紅利、股票。

（三）例如：台積電、鴻海高科技公司。

二、有未來成長性

公司要不斷追求成長性、未來性、規律性、集團化企業，員工才有可以晉升及發展的空間及未來可言。

三、重視執行力

（一）有快速執行力，才能快速完成好的績效出來。

（二）郭台銘及其鴻海集團是最有快速執行力的代表。

四、貫徹考績管理

（一）對員工有考績制度，才會形成對員工有工作壓力，員工也才會更認真、更努力做好事情，以求得好考績。

（二）考績必須與年終獎金及績效獎金相互連結，才會有效果。

五、訂定正確策略

（一）唯有訂定正確的公司發展策略及發展方向，公司才會有好的績效產生。

（二）策略及方向錯誤，那就帶領公司往錯的方向走去，公司就會發生危險。

（三）例如：全聯超市近 20 年的快速展店策略、郭台銘鴻海的併購策略及台積電技術領先策略都很成功。

六、力行目標管理與預算管理

（一）每個月，各部門都要訂定他們應該完成的各種目標，以及達成每月的損益預算。

（二）員工有目標、有預算，才知道為何而戰，以及戰鬥的完成目標數字在哪裡。

（三）員工有目標，才會不斷進步、突破。

（四）沒有目標，人就會鬆懈了。

七、設定遠程發展願景

（一）有公司願景，才會激勵全員努力邁向遠程願景。

（二）例如：台積電 30 年時間，即達成全球最大晶片半導體製造廠，成爲全球第一。

八、快速因應變化

（一）天下武功，唯快不破。

（二）唯有快速，才能領先競爭對手，才能爭取到新商機，也才能有效因應外界環境變化。

（三）速度慢了，就會落後，就會退步。

九、組織要彈性化、敏捷化、機動化且不僵化

　　面對巨變環境，企業內部組織的架構、編組、人力配置、指揮系統，就更要彈性化、敏捷化、機動化，千萬不能僵化，千萬不能本位主義，千萬不能相互爭權鬥爭。

十、貫徹 BU 利潤中心管理

（一）BU（Business Unit）就是成立多個事業或產品別利潤中心制度，可激發員工潛力，BU 賺錢，自己也可分到獎金。

（二）好的 BU 制度可有效拉高營收及獲利績效。

十一、提升各級主管領導力

（一）強而有力的領導力，是企業強而有力的創造好績效的必要條件。

（二）一個公司從高階的董事長、總經理、副總經理領導，到中階的經理、協理領導，到基層的組長、課長領導，都要層層做好領

導力。

十二、制定中長期事業發展藍圖與計劃

（一）中長期是指公司或集團 3～5 年的事業發展藍圖、布局與計劃。

（二）人無遠慮，必有近憂。企業高階領導者一定要想著未來 3～5
年的成長路徑在哪裡。

十三、建立各部門主管接班人制度

（一）讓各部門有潛力人才都能獲得晉升職務，以激勵優秀人才。

（二）培養出一個未來最佳的接班人才團隊，企業才會有更好的未
來。

十四、提升全員市場競爭力

（一）企業不斷鞏固、精實、提升全體員工的市場競爭力與核心能
力。

（二）企業不只是要高階幹部強大，而是要每一個部門的每一位員工
都很強大，這才是永遠好績效的根基。

十五、公司有制度

（一）好公司、有高績效的公司，也必是一個在各方面都很有制度化
的公司。每一個員工都能依照制度與流程去良好運作。

（二）企業要靠制度化去運作，而不是靠人治，人治會變化不定，制
度化才會永久、才會穩健、才會順暢、才會有好績效。

從人出發：培養優秀人才，創造好績效的六招

一、招聘人才

（一）要挑選、招聘到一流的好人才。

（二）好人才，不一定要高學歷，要看行業別，科技業就要臺大、清大、交大、成大的高學歷碩博士理工科人才；但服務業、零售業、消費品業就不一定要高學歷人才。

（三）只要肯幹、肯努力、肯進步、願與人合作，就是好人才。

二、培訓人才

（一）針對有潛力好人才，要給予特別培訓。

（二）一般性員工也要在各自專業領域上培訓精進。

（三）有潛力、想晉升成為中堅幹部的，要成立幹部領導培訓班。

（四）不斷培訓就能養出好人才。

三、用人才

（一）把對的人放在對的位置上。

（二）用人用其優點，不要看他的缺點。

（三）人才是要不斷去磨練他們、歷練他們的，這樣，他們就會在工作中成長、進步。

四、考核及晉升人才

（一）大部分的人才，都會想要晉升的；有些是晉升為領導幹部的，有些則是職級晉升的。

（二）人才不斷透過穩定且持續性的晉升，就會產生出他們的責任感及成就感。

五、激勵人才

（一）激勵人才主要有三種：一是物質金錢上的激勵，例如：調薪、給獎金、給紅利、分股票；二是心理上的激勵，例如：表揚大會、口頭讚美；三是拔擢晉升。

（二）有效的激勵人才，會讓員工長期留在公司打拼及貢獻。

六、留住人才

（一）好人才、好幹部，就要用各種方法留住他們，勿使其離職去到競爭對手公司。

（二）培養一個好人才、好幹部，是不容易，他們走了，也算是公司的損失。

（三）不斷留住好人才，長久下來，即可成為鞏固的優秀人才團隊。

提高經營績效的管理十五化

企業經營，必須做好以下管理十五化：

一、制度化

須建立各種人事、生產、採購、品管、物流、門市銷售、售後服務等規章、制度。

二、SOP 化（標準化）

SOP（Standard Operating Procedure），標準作業流程；以維持各種作業品質一致性，特別在服務業及生產製造的標準化。

三、資訊化

運用 IT 資訊系統，加快營運作業，包括 POS 系統、公司 ERP 系統之建立與運作。

四、目標化

任何工作及專案，都必須訂定想要達成的營運目標，此也稱目標管理，有目標，員工才會全力以赴，知道為何而戰。

五、效益化

公司營運必須對各部門、各專案,更加重視效益評估及檢討改進,以追求更高效益達成

六、數據化

企業必須重視數據管理,切記:沒有數據,就沒有管理。必須從數據中,看出經營與管理問題,並提出快速應對措施,加以改善。

七、可視化

企業任何事情,都應該盡可能不要被掩蓋住,必須讓大家看得到、資訊公開化、可視化、被檢討化、被改善化。

八、定期查核化

對任何事、任何人,都要建立定期考核追蹤,建立定期查核點(Check-point),不可以放任從頭到尾都沒有查核點,才能及時發現企業問題點所在,做好及時、迅速改善。

九、人性激勵化

人性都是需要被激勵、被肯定、被鼓舞的,包括:物質金錢的獎勵或心理面的讚美鼓勵。有激勵,全員潛能才會被完全激發出來。

十、規模化

規模化是企業競爭優勢反應的主要一種;在生產規模、採購規

模、門市店數規模、加盟店數規模等，都要達成規模經濟化，如此，成本才會下降，營收才會提高，市場競爭力也才會增強。

十一、敏捷化

企業在任何部門、任何營運問題上，都必須用靈敏與快捷速度去應對、去執行、去領先，而不是拖拖拉拉、不知應變。

十二、自動化

在工廠製造設備及物流中心設備，都必須力求盡可能提高自動化比率，唯有自動化，才能提高製造效率，降低人工成本。

十三、超前部署化

在面臨市場環境多變化與競爭更激烈化時代，企業在技術研發、在產品開發、在全球化、在供應鏈、在銷售第一線等，都必須提前預備、做好準備，不要反應來不及；要有超前部署的思維、計劃及行動，企業才會贏在未來。

十四、數位化

在疫情期間，大部分企業都朝向數位化轉型，才能應對市場環境的巨變。

十五、APP 化

由於智慧型手機的普及，現今 APP 已是廣泛應用在搜尋、下單、結帳、累積點數、查詢及其他管理與行銷用途上，幫助很大。

三種競爭策略

一、波特教授：提出三種企業競爭策略

美國策略管理大師麥可‧波特教授，早在 1990 年代初期，就提出企業可採取的三種競爭策略，如下：

（一）
成本領先策略
（Cost-leading
Srategy）

（二）
差異化策略
（Differential
Strategy）

（三）
專注策略
（Focus Strategy）

二、成本領先策略的五種作法

企業在實務上，可採取五種取向的成本領先策略，如下：

（一）人工成本低廉

1. 例如：臺商早期在 30 年前大量工廠移到中國大陸去，因其土地成本、建廠成本及人力成本均很低廉。
2. 臺商現在則移到東南亞、印度及墨西哥去了。

（二）經濟規模效益

1. 很多零售業、餐飲業，因其連鎖店數很多，故採購成本及經營成本均可大幅降低。

2. 例如：統一超商、全家、全聯、家樂福、寶雅、大樹、屈臣氏等。

（三）供應鏈完整且迅速

臺灣地區高科技及電子產業，因上游供應鏈很完整且供貨迅速，因此組裝成本較低，造就臺灣電子及資訊產業很強大且成本較低。

（四）採用自動化、AI 智慧化製造設備

現在很多先進及大型工廠，均採用最先進的自動化及 AI 智慧化製造設備，可以省大量勞工成本及提高生產效率，故其成本也較低。

（五）技術突破效益

臺灣很多科技電子業因在各方面技術升級且突破，因此在製造成本上也降低不少。

三、差異化策略六種作法

企業在差異化策略上，可有六種作法，如下：

（一）產品差異化：在功能、功效、口味、食材、品質等級、成分、省電、省油、節能上之差異化。

（二）門市店設計及裝潢差異化。

（三）百貨公司專櫃差異化。

（四）超商門市店大店化、複合店化、店中店差異化。

（五）服務差異化（售前、售中、售後之服務差異化）。

（六）行銷、廣告、活動、體驗差異化。

四、專注策略作法案例

（一）王品／瓦城：
專注在各式各樣的餐飲事業

（二）饗賓：
專注在 Buffet 各式各樣自助餐廳事業

（三）和泰汽車：
專注在 TOYOTA 汽車代理銷售及行銷宣傳事業

（四）三陽／光陽：
專注在機車製造本業上

（五）台積電：
專注在先進晶片事業

（六）大立光：
專注在手機鏡頭事業

（七）寶雅：
專注在美妝及生活雜貨連鎖店事業

（八）momo：
專注在電商事業

（九）大樹：
專注在藥局連鎖事業

（十）好來：
專注在牙膏事業

（十一）金蘭：
專注在醬油事業

（十二）
Panasonic 臺灣松下：
專注在家電事業

第 22 則
四個「組合優化」

一、什麼是四個「組合優化」

企業經營常見「組合優化」，「組合優化」主要有四個：

（一）產品組合優化	（二）品牌組合優化
（三）事業經營組合優化	（四）投資組合優化

二、什麼是「優化」的意義

所謂優化，就是指「汰劣存優」。也就是要把不賺錢的、沒未來性的、虧錢的、客人很少買的產品、品牌、事業體或投資單位等，均予以刪減、關掉，不再經營，以避免浪費公司資源。

三、「組合優化」適用行業

各項組合優化，大量運用在：零售業、消費品業、製造業及高科技業均適用此重要原則。

四、組合優化的五項好處

那麼，組合優化有哪些好處呢？如下：

（一）可有效提高坪效。

（二）可提高公司總營收及總獲利。

（三）可提高公司總體競爭力。

（四）可提高顧客滿意度。

（五）可提高公司資源運用效率。

五、「事業經營組合」的成功案例

茲列舉「事業經營組合」的國內外案例，如下：

（一）遠東集團	
1. 遠傳電信事業	5. 遠東大飯店
2. SOGO 百貨事業	6. 航運事業
3. 遠東百貨事業	7. 水泥事業
4. 遠東銀行	8. 紡織事業

（二）富邦集團

1. 富邦銀行事業
2. 富邦證券事業
3. 富邦壽險事業
4. momo 電商事業
5. 台灣大哥大事業
6. 凱擘有線電視事業

（三）統一超商集團

1. 統一超商事業
2. 星巴克事業
3. 康是美事業
4. 統一速達事業
5. 菲律賓 7-11 事業
6. 聖娜麵包事業
7. 博客來事業

（四）日本 SONY 集團

1. 電玩事業
2. 音樂事業
3. 電影事業
4. 半導體事業
5. 電視、手機事業

（五）日本三菱商社

1. 能源事業
2. 化學品事業
3. 電機事業
4. 食品事業
5. 建築事業
6. 紡織事業

（六）　統一企業集團	
1. 統一食品 / 飲料事業	5. 統一時代百貨
2. 統一中國事業	6. 統一實業
3. 統一超商事業	7. 統一藥品事業
4. 統一家樂福事業	

六、「產品組合」成功案例

（一）　Apple 公司	
1. Mac 電腦產品	4. Apple Watch 手錶
2. iPhone 手機產品	5. Air Pods 耳機
3. iPad 平板產品	

（二）　統一企業	
1. 茶飲料	7. 礦泉水
2. 泡麵	8. 醬油
3. 鮮奶	9. 咖啡
4. 布丁	10. 冷凍食品
5. 豆漿	11. 香腸
6. 果汁	12. 保健品

（三）　和泰汽車	
1. TOYOTA 系列車	3. HINO 系列車
2. Lexus 系列車	4. TOWN ACE 系列車

核心能力與競爭優勢

一、何謂「核心能力」

　　所謂「核心能力」（Core-competence），就是指一家公司最關鍵、最核心、最重要、最專注的組織能力項目。每一家公司都必有他們的「核心能力」，才能撐起這一家公司。

二、「核心能力」的成功案例

（一）台積電：先進晶片（5 奈米～1 奈米）技術研發與高良率製造，爲其核心能力。

（二）大立光：尖端手機多鏡頭的技術研發與製造，爲其核心能力。

（三）民視無線臺：每天晚上收視率最高的八點檔閩南語連續劇的企劃與製作，爲其核心能力。

（四）TVBS 電視臺：每天新聞臺節目的營運與製作，爲其核心能力。

（五）和泰汽車：每年定期成功推出新車型，以及全臺經銷商銷售通路，爲其核心能力。

（六）新光三越／遠東／SOGO：不斷推陳出新各種品牌專櫃及餐飲專區，為其核心能力。

（七）寶雅：美妝品及生活雜貨品連鎖店的整體營運，為其核心能力。

（八）王品餐飲：多品牌且多元化各式口味的餐飲營運，為其核心能力。

（九）Apple iPhone 手機：整體感受好用的軟硬體設計及品牌行銷，為其核心能力。

（十）大金冷氣：變頻冷氣機的技術與製造，為其核心能力。

（十一）Panasonic：大／小家電的技術研發與高品質製造，為其核心能力。

（十二）全聯超市：平價超市且通路據點數最多的經營實力，為其核心能力。

（十三）Dyson：高級小家電的研發與製造，為其核心能力。

（十四）統一超商：全臺 6,800 家最多據點的超商整體營運，為其核心能力。

（十五）臺灣 COSTCO：最會精挑細選採購實力，為其核心能力。

三、何謂「競爭優勢」？競爭優勢有哪些

　　所謂「競爭優勢」，就是可以勝過競爭對手的地方及長處所在。例如在下列二十一項競爭優勢表現上有：

（一） 成本上	（二） 技術上	（三） 設計上
（四） 生產良率上	（五） 品質上	（六） 產品組合上
（七） 產品多元化上	（八） 經典產品上	（九） 定價上
（十） 通路上架據點數量上	（十一） 廣告投放量上	（十二） 代言人宣傳上
（十三） 忠誠、長期主顧客數量上	（十四） 會員人數量	（十五） 獨特性／差異化上
（十六） 地理位置上	（十七） 功效、功能、壽命、耐用、省電、省油上	（十八） 新產品開發速度上
（十九） 在數量規模上	（二十） 在售後服務上	（二十一） 在品牌知名度、好感度、信賴度上

四、企業「競爭優勢」的成功案例

（一）統一超商：全臺 6,800 店數規模最大之優勢。（目標全臺突破 7,000 店）

（二）台積電：先進晶片研發領先為最大優勢。

（三）麥當勞：全臺 400 店最多數量為最大優勢。

（四）Apple iPhone 手機：全臺銷售第一且具全球性優良品牌為最大優勢。

（五）歐洲名牌精品：具全球性最佳精品品牌為最大優勢。

（六）王品餐飲：具 28 個品牌且 320 店均最多數量之最大優勢。

（七）全聯：全臺 1,200 店最大超市之優勢。

（八）臺灣好市多：全臺唯一美式賣場之獨家優勢。

（九）家樂福：一站購足最大商品品項為其優勢。

（十）Panasonic：大／小家電品項最齊全之獨特優勢。

（十一）TVBS 電視臺：2 個新聞頻道為其獨特優勢。

（十二）TOYOTA 汽車：兼具高、中、低三種價位汽車之全方位優勢。

第 24 則

管理四聯制：計劃、執行、考核、獎懲

一、何謂「管理四聯制」

所謂「管理四聯制」，就是指管理者（Manager）的工作應包括四個完整性的步驟，如下圖所示：

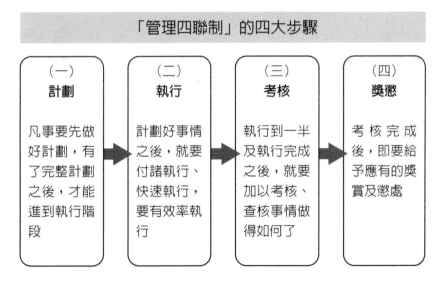

「管理四聯制」的四大步驟

（一）計劃	（二）執行	（三）考核	（四）獎懲
凡事要先做好計劃，有了完整計劃之後，才能進到執行階段	計劃好事情之後，就要付諸執行、快速執行，要有效率執行	執行到一半及執行完成之後，就要加以考核、查核事情做得如何了	考核完成後，即要給予應有的獎賞及懲處

二、「計劃」階段的要求十二個事項

在「計劃」（Planning）階段，企業必須注意以下各事項要求，才是真正做好「計劃」工作。

（一）凡事，必先做好計劃。

（二）計劃，要思考完整、周全。

（三）計劃，不要有漏洞或疏失。

（四）計劃，要思考到各種可能狀況及情境。

（五）計劃，要考慮到：人、事、時、地、物。

（六）計劃，要考慮到短期及中長期觀點。

（七）計劃，要考慮到戰略與戰術性的區分。

（八）計劃，要確立達成的目標、目的、任務是什麼。

（九）計劃，要有分工組織分配表。

（十）計劃，要有支出經費預算、估算。

（十一）計劃，要有成本與效益分析。

（十二）計劃，要有預定完成的期限及時間表。

三、「執行」階段的要求六個事項

企業在「執行」階段，必須注意如下的各事項要求：

（一）要派出最適當、最有執行力、最有戰鬥力、最有耐力、最有經驗的人員及單位去落實。

（二）執行前，要告知執行團隊，事情完成且成功之後，將給予哪些獎賞、獎勵。

（三）執行可能是一個團隊而不是一個人而已，故要發揮團隊合作的精神才行。

（四）要執行之前，應給予勤前教育，告知他們應注意哪些事項與作法。

（五）付諸執行之後，就要適當給予授權，不必事事再請示了，增加
　　　麻煩及拖延。

（六）當要執行前，應該給予這個團隊必要的資源：人力、物力、財
　　　力等支援。

四、「考核」階段的要求五事項

　　　到了「考核」階段，企業應注意做到如下事項：

（一）考核作業時，必須注意時間點，要有中期及終期的兩個考核
　　　點。

（二）考核之後，公司也必須做一些必要性的調整、修正、改變等，
　　　以更符合實際需求。

（三）考核時間，可以區別為：可以事前告知及不可以事前告知兩種
　　　狀況了。

（四）考核人員必須公正、公平，切不可循私、舞弊，與執行人員勾
　　　串在一起，掩蓋事實真相。

（五）考核人員及考核方式、內容，必須在執行前，就告知執行工作
　　　小組知悉及了解。

五、「獎懲」階段的要求四事項

　　　最後，到了「獎懲」階段，企業應注意如下的事項：

（一）獎懲必須及時，不能拖太久，使員工失去信任。

（二）公司應大方給予獎勵，勿太小氣，尤其是發放獎金的大小。

（三）公司可將成功案例記錄上傳在公司的 E-learning 系統上，供大家學習、參考。

（四）公司必須將重大專案的賞罰分明，形成制度化及形塑爲公司的優良企業文化。

環境三抓

一、什麼是「環境三抓」

　　所謂「環境三抓」，就是指企業必須面對環境的「變化」、「趨勢」及「新商機」，做好掌握與準備，才能有利於企業經營的永續及不斷的成長下去。

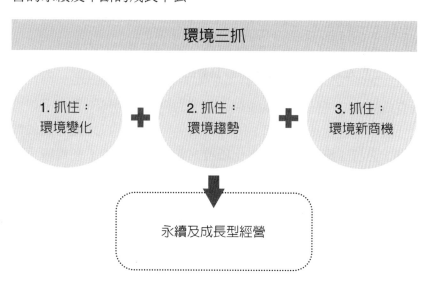

二、抓住每一波的環境變化帶來新商機案例

（一）老年化／高齡化：帶來藥局連鎖店、保健品及長照行業的新商機。

（二）少子化：帶來更捨得為小孩買高品質、高價位的嬰兒用品及補習費等新商機。

（三）高科技突破：帶來 AI 晶片、AI 伺服器、5G 電信服務、OTT TV 服務等新商機。

（四）日圓匯率貶值：赴日本旅遊的旅行社及航空公司生意變得很好。

（五）新冠疫情解除：各式餐飲業、零售業、觀光大飯店業、旅行社等生意變得很好。

（六）區域型百貨公司崛起：百貨公司不再集中在臺北市中心了；如今，新店、新莊、永和、中和、南港、板橋都有大型百貨公司或購物中心了。

三、成立「大環境變化偵測小組」

　　為有效與及時抓住及掌握外在大環境的變化與趨勢，大企業經常會成立「大環境變化偵測小組」的專責單位與人員，以求做好如何抓住、掌握、分析、應變大環境變化所帶來的有利商機或不利風險／威脅。

學習曲線

一、何謂「學習曲線」（Learning Curve）

何謂「學習曲線」呢？其意係指公司的營運成本或製造成本，將隨著時間長期下去，而從中學習到更多熟悉性，從而使各種成本會下降，如下圖示：

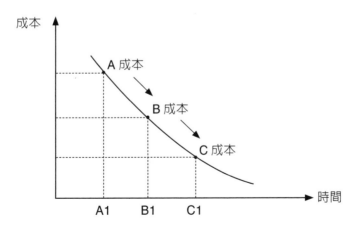

學習曲線的成本下降趨勢

上圖顯示出，當在 A 點時，因學習效益剛開始，故處在 A 點的較高成本發生，隨時學習時間延長，成本會下滑降到 B 點及 C 點處。

二、學習曲線適用在哪些成本項目上

以下舉兩個案例：

（一）剛開始第 1 年的工廠製造成本與第 5 年後工廠製造成本會下降至少 10～20%，因工廠作業員的工作熟練度，隨著時間而加快了。例如：以前每個作業員 1 小時可做出 100 件，現在則 1 小時可做出 120 件產品，如此，生產效率提升了，或者說每件生產成本下降 20% 了。

（二）統一超商連鎖店每天營運成本數字，從第 1 年到現在第 35 年

了，以前是 100 店以內，現在則擴充到 6,800 店；如此，規模經濟化之下，其現在每天的營運成本，必定比 35 年前當時的每天營運成本下降很多。

三、工廠製造成本下降的四大原因

企業在實務上，雖然過去指的成本下降，都歸因在「勞工的個人與集體學習曲線」上；但現在講的學習曲線，則更擴充到四大面向：

（一） 工廠勞工的學習曲線， 而降低勞力成本	（二） 工廠製造設備升級了，也 產生製造成本下降
（三） 工廠製造流程改善了、 簡化了，也產生製造成本 下降	（四） 上游零組件供應商的學習 曲線，也會產生好影響， 而降低零組件採購成本

經濟規模效益

一、何謂「經濟規模效益」

所謂「經濟規模效益」（Economy Scale Effect），就是指當企業各種營運規模超過一定數量時，就會產生正面的效益性與各種好處。

二、經濟規模效益五大面向

而企業的經濟規模效益五大面向，如下：

（一）生產／製造的經濟規模

例如：日本豐田汽車製造廠的 100 萬輛生產規模的成本，一定比臺灣裕隆汽車廠的 10 萬輛生產規模，其成本必然下降很多。

（二）採購的經濟規模

例如：鴻海代工美國 iPhone 手機，經常以數千萬支手機組裝為數量，因此，鴻海富士康的手機零組件採購成本，必然會低很多。

（三）門市店數的經濟規模

例如：1. 統一超商（6,800 店）；2. 全家（4,200 店）；3. 全聯（1,200 店）；4. 家樂福（320 店）；5. 寶雅（400 店）。上述連鎖店數都已達經濟規模化，其營運成本必可下降。

（四）銷售量的經濟規模

例如：1. 臺灣好市多：1,200 億；2. 全聯：1,700 億；3. 家樂福：900 億；4. 統一超商：1,800 億；5. 新光三越：920 億。上述零售業的銷售金額已達經濟規模化，其採購成本必可下降。

三、經濟規模效益產生項目有哪些

當企業各種產銷量都達到經濟規模化時，必可產生的幾項效益如下：

（一）營運成本下降

1. 採購成本下降。　　　3. 銷售成本下降。
2. 製造成本下降。　　　4. 門市店成本下降。

（二）營收及獲利可以上升。

（三）總公司營業費用分攤可以下降。

四、未達經濟規模時會如何

當企業剛起步時，營運規模仍小，未達經濟規模化，此時，公司營運可能會產生虧損，公司必須忍耐幾年，當規模漸大時，必可轉虧為盈的。例如：統一超商、全聯超市、臺灣好市多，在剛營運的前 3～5 年，都是年年虧損的，直到門市店數及營收額達一定規模後，才開始獲利賺錢的。

會議管理與會議決策

一、開會很重要

　　企業在實務上，經常會開會，在開會上，最高階長官會下達很多決策及討論，所以，企業內部開會就很重要了。

開會很重要　➡　形成決策的最主要場所

二、會議的種類

　　公司內部開會，最主要有以下八種：

（一）每週主管會報：全公司各部門的一級、二級主管全部要出席與會。

（二）每週營業與行銷會報：主要由營業部及行銷部兩部門出席與會。

（三）每週新品開發會報：主要由商品開發部、研發部、設計

部出席與會。

（四）每週研發與技術會報：主要由 R&D 研發部門出席與會。

（五）每週製造會報：主要由製造部及品管部出席與會。

（六）每週展店會報：主要由展店部出席與會。

（七）每月損益表會報：每月一次，主要由財務部及營業部出席與會。

（八）每月各種專案會報：每月一次，由各種不同專案涉及部門出席與會。

三、各種專案會議的名稱

公司內部有時候也會以跨部門方式組成各種「專案委員會」及進行會議報告，其名稱如下：

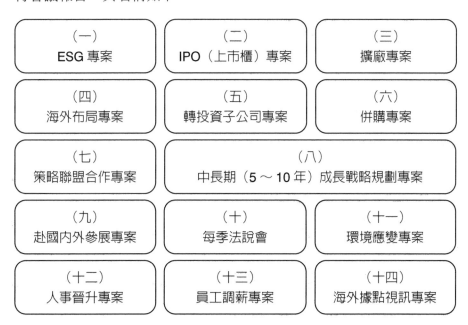

（一）
ESG 專案

（二）
IPO（上市櫃）專案

（三）
擴廠專案

（四）
海外布局專案

（五）
轉投資子公司專案

（六）
併購專案

（七）
策略聯盟合作專案

（八）
中長期（5～10 年）成長戰略規劃專案

（九）
赴國內外參展專案

（十）
每季法說會

（十一）
環境應變專案

（十二）
人事晉升專案

（十三）
員工調薪專案

（十四）
海外據點視訊專案

四、召開各種會議有何好處

公司可以從上述各種會議召開，獲得下列好處：

（一）掌握各部門工作狀況：可了解公司各部門的工作狀況如何？進度如何？有何問題？有何待決事項？

（二）促使每位員工奉獻智慧：可督促各級領導幹部做好工作、達成目標及奉獻更多智慧給公司。

（三）團隊合作勿本位主義：召開會議，可促使組織之間可以團隊合作，切勿本位主義。

（四）集思廣義做出最佳決策：召開會議，可收到各員工之間的觀點、意見及看法，最後最高領導人可做出最佳決策。

（五）反應環境變化及影響：召開會議可反應外在環境變化及帶來哪些有利及不利之影響。

（六）促使公司不斷進步、成長：召開會議可促使公司不斷進步及成長。

五、會議誰主持

企業實務上，如下狀況：

第一，公司如果採董事長領導制度，那就由董事長主持會議。

第二，公司如果採總經理領導制度，那就由總經理主持會議。

六、做好會議記錄，並列出追蹤事項

（一）會議開完後，第二天即要把會議記錄交給全體出席人員。

（二）此外，會議記錄也要列出各部門、各主管應辦／待辦事項，列
　　　入追蹤考核。

七、小結

　　總之，用心做好、開好各項重要會議，以推進公司未來持續性成
長與進步，並創造公司最高價值出來。

KPI（關鍵績效指標）管理

一、何謂 KPI 管理

如下圖示：

KPI 的意涵

KPI → Key Performance Indicator（關鍵績效指標）

「KPI 管理」現在已經普遍運用在各行各業的企業中，因為它具有考核的指標與努力以赴的指標，因此，對企業的功能蠻大的。

二、KPI 訂定的層級

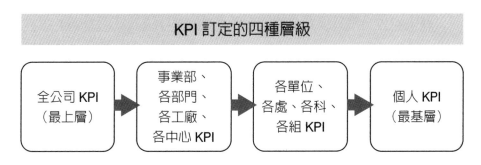

KPI 訂定的四種層級

全公司 KPI（最上層）　➡️　事業部、各部門、各工廠、各中心 KPI　➡️　各單位、各處、各科、各組 KPI　➡️　個人 KPI（最基層）

　　哪些單位要訂定 KPI 指標，作為工作的考核指標呢？又各事業部、各幕僚部的 KPI 運用，如下：

（一） 研發部（R&D）KPI	（二） 設計部 KPI	（三） 採購部 KPI
（四） 製造部 KPI	（五） 品管部 KPI	（六） 物流部 KPI
（七） 銷售部 KPI	（八） 行銷部 KPI	（九） 服務部 KPI
（十） 會員部 KPI	（十一） 財務部 KPI	（十二） 人資部 KPI
（十三） 資訊部 KPI	（十四） 法務部 KPI	（十五） 企劃部 KPI
（十六） 總務部 KPI	（十七） 稽核室 KPI	（十八） 法人公關室 KPI

三、全公司整體 KPI 指標項目

就全公司整體營運要達成的 KPI 指標，如下：

四、採行 KPI 管理制度的效用／目的

有愈來愈多企業採行了 KPI 管理制度，主要有以下幾點功能、好處：

（一）有助提升各事業部、各幕僚部門、各工廠、各分公司的營運成效。

（二）有助提升員工個人的工作成效與貢獻。

（三）有助提升公司整體營運的成效、成果。

（四）可以強化公司整體競爭力，並保持向前進步的動能。

（五）有助年終績效考核與獎賞的依據及公平性落實。

第 30 則
心占率與市占率

一、何謂「心占率」?何謂「市占率」

(一) 所謂心占率,就是指:

　　消費者對某些品牌,在他們心目中的排名地位;排名愈前面,就代表消費者對該品牌有愈高的知名度、好感度及信賴度,且會優先選此品牌。

(二) 所謂市占率,就是指:

　　在實際市場銷售量上,該品牌占整個市場的銷售占比是多少。

(三) 一般來說,是先有「心占率」,然後才有「市占率」,所以企業必須先做好「心占率」的提升才對。

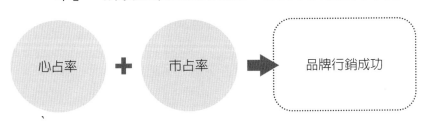

二、心占率與市占率均第一名的成功企業案例

（一）和泰汽車：市占率第一，超過 33%。

（二）三陽機車：市占率第一，超過 35%。

（三）統一超商：市占率第一，超過 50%。

（四）全聯超市：市占率第一，超過 80%。

（五）新光三越百貨：市占率第一，超過 35%。

（六）Dyson：高價家電產品市占率第一，超過 50%。

（七）Panasonic：一般家電市占率第一，超過 40%。

（八）王品：餐飲市占率第一，超過 15%。

（九）民視：每天晚上八點檔閩南語連續劇第一，市占率超過 40%。

（十）TVBS：新聞臺市占率第一，超過 20%。

（十一）桂格：桂格完膳在保健營養品市占率第一，超過 30%。

（十二）好來牙膏：市占率第一，超過 35%。

（十三）威秀影城：電影院市占率第一，超過 35%。

（十四）三井 Outlet：市占率第一，超過 50%。

（十五）臺灣高鐵：市占率第一，達 100% 獨占地位。

（十六）華碩筆電：市占率第一，超過 40%。

（十七）花仙子：香氛、除臭市場第一，市占率超過 40%。

（十八）統一泡麵：市占率第一，超過 42%。

（十九）統一茶飲料：市占率第一，超過 30%。

（二十）味全林鳳營鮮奶：市占率第一，超過 20%。

（二十一）統一超商 City Cafe：市占率第一，超過 60%。

IPO

一、何謂「IPO」

　　所謂「IPO」（Initial Public Offering），即指初次公開上市櫃，也就指將公司申請為上市櫃公司。累計目前全臺 IPO 公司已達 1,700 多家。

二、IPO 的三段

　　如下圖示：

三、IPO 的優點與好處

公司努力爭取 IPO，成為證券市場的上市櫃公司的優點及好處：

（一）在公開資本市場，易於籌募資金。

（二）易於招募優秀人才。

（三）可獲取股價增值之財務利潤。

（四）可使公司各項營運制度上軌道。

（五）可公開、透明、正派經營，獲取社會好形象。

（六）易於壯大公司營運規模。

（七）可提高公司總市值。

（八）有利於與國內外企業進行各項合作。

（九）有利於全球化市場開拓。

四、上市櫃時程規劃

（一）輔導階段

1. 與證券商簽約。

2. 內控／內稽制度建立。

3. 董監事及大股東股權規劃。

4. 會計師出具財報及內控審核報告。

5. 公開發行案申報生效。

6. 申請上市櫃輔導。

7. 登錄興櫃。

8. 選舉獨立董事。

9. 券商進行不宜上市櫃條款改善。

（二）審查階段

　　1. 向交易所（或櫃買中心）提出上市（櫃）申請。

　　2. 交易所（或櫃買中心）審議會通過。

　　3. 交易所董事會通過。

（三）承銷階段

　　1. 交易所（櫃買中心）核准上市（櫃）案及現金增資辦理公開承銷。

　　2. 股東正式掛牌。

五、上市櫃要件（條件）

上市櫃要件

	一般上市	科技事業上市	一般上櫃	科技事業上櫃
（一）設立年限	滿 3 年	—	滿 2 年	—
（二）股本	6 億元且募集發行股數達 3,000 萬股以上	・3 億元 ・達 2,000 萬股以上	・5,000 萬元 ・達 500 萬股以上	・5,000 萬元 ・達 500 萬股以上
（三）稅前獲利率	・最近 5 年平均達 3% ・最近 3 年達 6%	—	・最近 2 年平均達 3% ・最近 1 年較前 1 年為佳	—
（四）股權分散人數	・500 人 ・持股 ≧ 20%	500 人	・300 人 ・持股 ≧ 20%	・300 人 ・持股 ≧ 20%

六、公司不宜上市櫃條款

（一）
虛偽不實或違法情事

（二）
財務及業務未能與
他人獨立劃分

（三）
重大勞資糾紛或環境
汙染

（四）
重大非常規交易

（五）
獲利能力不符規定
條件者

（六）
內控、內稽及會計
制度未健全建立及
有效運行

（七）
違反誠信原則行為

（八）
無法獨立執行職務

（九）
其他事項

第 32 則
目標管理（MBO）

一、何謂 MBO（目標管理）

　　在 50 多年前，美國企管學界大師彼得·杜拉克首度提出企業界的「目標管理」議題。他表示：企業界必須隨時訂定每個階段應達成的目標在哪裡，如此，企業員工才有努力向前邁進的動力及方向可言。因此，MBO 是企業不斷進步的原動力。

二、哪些部門要訂定具挑戰性的目標管理

　　各部門的目標管理，如下：

（一）營業部

　　　1. 今年應達成的營收額及獲利額目標。
　　　2. 市占率目標。

　　3. 門市店數目標。

（二）商品開發部

　　商品開發數量及成功率目標。

（三）採購部

　　1. 採購成本下降目標。

　　2. 採購數量目標。

　　3. 採購交期目標。

（四）製造部

　　1. 製造良率目標。

　　2. 產能使用率目標。

　　3. 製造成本下降目標。

（五）研發部.

　　1. 技術升級目標。

　　2. 研發突破目標。

（六）物流中心

　　1. 每日物流數量目標。

　　2. 物流準時送達目標。

（七）人資部

　　1. 離職率目標。

　　2. 教育訓練人數目標。

　　3. 招募新人目標。

（八）財務部

　　1. 每月損益表出來目標。

　　2. 現金增資目標。

　　3. 銀行聯貸目標。

（九）客服部

　　1. 每月客服人數目標。

　　2. 每月客服解決數目標。

三、訂定「目標管理」的原則

（一）目標不可以太容易達成，應具一些挑戰性。

（二）目標不可以太難達成，也不可以太不合理。

（三）目標管理過程中，應有一些期間的查核點，以了解進度如何。

四、「目標管理」的好處

　　企業採行目標管理，會有下列好處：

（一）有具體目標可做對各部門、各單位、各人員的績效考核工作。

（二）可以促使公司保持不斷的進步、成長及競爭力提升。

（三）可以培養全體員工的紀律性、責任心及挑戰精神。

（四）可以激發全體員工的潛能與貢獻力。

第 33 則
年終績效考核

一、績效考核的時間點

　　一般企業，在對員工的績效考核上，其時間點，主要有三種：

（一）年終（12 月）考核一次，這是最常見的、占比最多的。

（二）每半年（6 月及 12 月）考核一次，這也有部分企業採用
　　　的。

（三）每季（3 月、6 月、9 月、12 月）考核一次，這是極少數
　　　企業採用的。

二、績效考核的等級區分

　　在企業實務上，對員工績效考核上，其等級區分，大致如
下：

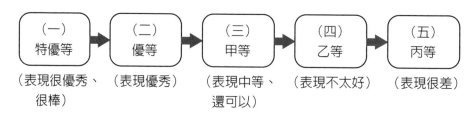

（一） 特優等	（二） 優等	（三） 甲等	（四） 乙等	（五） 丙等
（表現很優秀、 很棒）	（表現優秀）	（表現中等、 還可以）	（表現不太好）	（表現很差）

　　如上圖所示，在員工的特優等及優等，各部門有沒有人數限制，要看每個公司的不同了；有些公司有人數百分比限制，有些則沒有限制。

三、年終績效考核與各項獎金的關聯性

　　公司每年底的年終績效考核，大都與員工所獲得各項獎金有密切關聯性，包括：
（一）與年終獎金多少個月相關聯。
（二）與年度分紅獎金多少個月相關聯。
（三）與績效獎金多少個月相關聯。
（四）與調薪多少相關聯。

四、年終績效考核的主管要求原則

　　對主管在打員工年終考核時，應該秉持幾點的原則要求，如下：
（一）堅持公平、公正原則。
（二）不要有私心、不要有派系。
（三）要與每位員工面對面溝通。
（四）考核要看員工這一年來對公司的貢獻及績效如何爲重點。
（五）也要看員工未來的成長潛力如何？可培養性如何？

五、年終考核的功能

　　每年底對各級員工的年終考核，具有如下的優點與功能：
（一）可促使員工每天都能兢兢業業的努力工作。
（二）可促使員工發揮更大潛能，對公司做出更大貢獻。

（三）可判別出哪些員工是優秀員工，哪些是普通員工。

（四）可促使公司更大進步、成長與壯大。

六、考核的審核三個層級

每年底的全體各部門員工考績，其審核有三個層級，如下：

常保危機意識與居安思危

一、企業應常保「危機意識」

　　企業經營成功，可能只是一時的，不是年年都有的，也不是必然的，經常會被後面的競爭對手超越的。所以，企業必須要常保「危機意識」與「居安思危」，每天都能兢兢業業，努力勤奮，不斷創新與革新，追求永遠的升級與成長才行。

二、缺乏「危機意識」而被超越的案例

（一）光陽被三陽超越

　　光陽機車長達 22 年，都位居機車銷售第一名，但在去年下半年起，卻被三陽機車超越，光陽變第二名。

（二）PChome 被 momo 超越

　　PChome 原為國內第一名電商，如今卻被 momo 電商超越，變成第二名，而且雙方營收額差距已愈來愈大了。

（三）台啤被超越

台碑原來市占率 100%，酒類開放進口後，如今，已剩 48%，市占率大幅下滑，被進口品牌大幅搶占了。

（四）屈臣氏、康是美被超越

國內美妝連鎖店，原來的屈臣氏及康是美已被寶雅搶占很大的市場，如今寶雅營收額已位居第一名。

（五）杏一藥局被超越

國內連鎖藥局原爲杏一位居第一名，後來被大樹藥局趕過去，變成第二名。

（六）瓦城被超越

國內瓦城餐飲已被王品餐飲超越，王品已成餐飲業第一名，計有 28 個品牌及 320 店。

創新力、革新力、變革力、挑戰力、創造力

一、創新力（Innovation）

企業透過各種領域的創新，可以為它們的產品及服務打造出更高的附加價值出來，從而可以提高產品的售價及提高獲利，這是好事。

公司可以創新的領域，如下：

（一） 技術、研發創新	（二） 產品創新	（三） 製程創新
（四） 服務創新	（五） 物流創新	（六） 設計創新
（七） 銷售創新	（八） 行銷創新	（九） 品牌創新
（十） 包裝創新	（十一） 全球化創新	

二、革新力

革新力就是指產品服務、門市店等，均要展開「改革＋新穎」新穎，才能吸引顧客持續上門購買及消費。革新力的成功案例，如下：

（一）iPhone 手機

從 iPhone 1 到 iPhone 15，每年都更新、革新，保持永遠新鮮感。

（二）超商鮮食便當

每個月都推陳出新，不斷革新它們的新口味、新配方、新食材。

（三）百貨公司

SOGO、遠百、新光三越，每年都持續改裝，引進新品牌專櫃及新餐飲。

（四）汽車業

和泰 TOYOTA 汽車每年都改革推出一款新車型，以保持買氣不斷，維持第一市占率。

（五）全聯超市

全面革新過去比較老舊的裝潢，全面導入新時代的好看裝潢。

（六）寬宏藝術

每年導入國外新的表演團體及歌手藝人演唱會，成為第一名市占率。

三、變革力

所謂變革力，就是指「變化」＋「革新」兩者之意。成功案例如下：

（一）統一超商

從小店轉向大店化，就是一種成功大變革。

（二）寶雅

從美妝店轉向「美妝＋生活雜貨」的大店，也是一種成功變革。

（三）電動車

美國特斯拉及中國比亞迪成功推出新一代電動車取代燃油車，是一種成功大變革。

（四）複合店

康是美美妝店結合藥局成為複合店，以及「全家＋大樹藥局」成為複合店，均是一種成功變革。

（五）Outlet

日本三井不動產，轉向經營 Outlet 及 LaLaport 購物中心，均是成功變革。

（六）藥局連鎖

大樹藥局從二、三家藥局，發展成 300 家連鎖藥局，也是一種成功變革。

四、挑戰力

企業必須挑戰困難的、不易做的、不易達成目標的，這就展現出一種對未來的「挑戰力」。企業挑戰力成功案例，如下：

（一）統一超商

從早期的 3,000 店數，一直挑戰總店數增加到目前 6,800 店數之

多，實不容易。

（二）全聯超市

從早期的 100 店數，一直挑戰總店數增加到目前 1,200 店，成為全臺第一大超市。

（三）電信合併

台哥大合併台灣之星，以及遠傳合併亞太電信，這都是一種對困難的挑難。

五、創造力

企業最高境界就是「無中生有」，創造出一個新產品、新事業、新產業、新商業模式出來。成功案例如下：

（一）輝達（Nvidia）

美國輝達公司及其負責人黃仁勳，能夠開創出 AI（人工智慧）產業，實在了不起。

（二）特斯拉

美國馬斯克成立特斯拉公司，創造出電動車新產業，也屬了不起。

（三）日本五大商社

日本五大商社能建構出全球化貿易及商社事業新模式，也屬了不起。

SOP（標準作業流程）

一、何謂「SOP」

所謂 SOP（Standard Operating Procedure）係指任何營運事項，都必須按照既有的規定、流程、步驟、作法及要求，來正確執行及操作，才不會發生錯誤。

二、SOP 適用範圍

SOP 的適用範圍非常廣泛，包括：

（一）連鎖店（門市店、大賣場）現場服務人員的 SOP。

（二）工廠製造人員、組裝人員的 SOP。

（三）售後服務人員的 SOP。

（四）物流配送人員的 SOP。

（五）新產品開發到上市的 SOP。

（六）人資部招募人員的 SOP。

（七）政府機構重大採購案的 SOP。

（八）醫院各種醫療作業的 SOP。

（九）加盟店加入過程的 SOP。

三、SOP 的作用、功能、目的

SOP 有哪些好的作用、功能、目的呢？主要有如下六要點：

（一）可確保門市店營運及服務人員的一致性及高品質性。

（二）可快速複製展店，加速經濟規模性。

（三）可確保工廠生產品質的一致性與高良率。

（四）可確保新品開發及上市成功的可能性。

（五）可簡化作業流程，提高各項工作之效率性。

（六）可考核現場人員是否按照 SOP 來做之績效。

四、SOP 企業成功案例

（一）
統一超商（6,800 店）

（二）
全家（4,200 店）

（三）
全聯（1,200 店）

（四）
家樂福（320 店）

（五）
寶雅（400 店）

（六）
屈臣氏（580 店）

（七）
康是美（400 店）

（八）
星巴克（560 店）

（九）
麥當勞（400 店）

（十）
八方雲集（1,000 店）

（十一）
清心福全（900 店）

（十二）
王品（320 店）

（十三）
大苑子（250 店）

（十四）
大樹藥局（300 店）

公司經營基盤

一、公司經營基盤七大項

公司有所謂的「經營基盤」，也就是公司重大的「經營資源」與「基柱」，如下七大項：

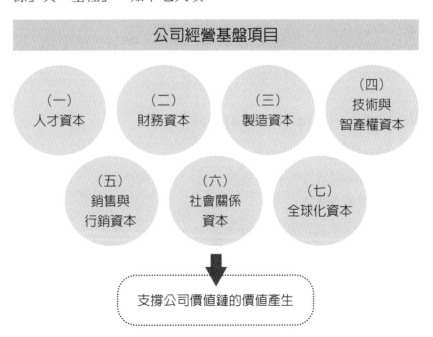

二、人才資本（Human Capital）

公司的人才資本，包含下列事項：

（一）員工總人數。

（二）技術與研發人數。

（三）幹部與主管人數。

（四）員工平均年資。

（五）員工平均年齡。

（六）碩士、博士人數。

（七）每年教育訓練總人數。

（八）每年教育訓練每人平均小時數。

（九）儲備人才庫人數。

（十）員工對公司的向心力、熱情度、參與感狀況。

（十一）員工平均離職率。

（十二）平均每人創造的營收額及獲利額。

二、財務資本（Finance Capital）

公司的財務資本，包括下列事項：

（一）母公司資本額多少？轉投資各子公司資本額多少？

（二）公司總資產金額多少？

（三）公司可存現金及累計盈餘有多少？

（四）公司債債比多少？自有資本比例又如何？

（五）每年可為公司創造多少營收額及獲利額？

（六）公司近 10 年的 ROE、ROA 及 ROIC 比例各為多少？

（七）公司向銀行申請的貸款餘額可有多少？

三、製造資本（Manufacture Capital）

公司的製造資本，包括下列各項：

（一）累計購買及投資多少金額的製造設備？

（二）製造設備最先進程度如何？

（三）工廠現場專技人員有多少人？平均年資多少？

（四）工廠產能利用率多少？

（五）工廠發生工安事件有多少？工安比例多少？

（六）工廠專技人員的工作效率性如何？

四、技術與智產權資本（Technology Capital）

公司的技術與 IP 專利資本，可包括如下：

（一）累計購買技術設備多少金額？

（二）國內外 IP 技術專利總件數多少？

（三）全公司技術人員數多少？占全體員工多少比例？年資又如何？

（四）科研費占年度總收入多少比例？

（五）R&D 研發成果領先競爭對手幅度為何？

（六）訂定有技術未來 10 年發展戰略。

（七）全球有哪些研發中心據點？各多少人？

五、銷售與行銷資本（Sales & Marketing Capital）

公司的銷售與行銷資本，包括有：

（一）上架實體零售據點數有多少？

（二）上架外面電商平臺數量有哪些？

（三）公司是否自建官方商城？

（四）每年投放多少行銷廣告宣傳費？占營收多少比例？

（五）產品的品牌價值有多少？產品知名度、好感度、信賴度又如
何？

（六）公司銷售人力團隊有多少人？平均年資多久？

（七）公司每年舉辦多少次重要節慶促銷活動？

（八）每年顧客滿意度調查結果如何？

六、社會關係資本（Social Capital）

包含如下：

（一）主要往來客戶數有多少？

（二）供應鏈廠商數有多少？

（三）每天顧客數量有多少人次？

七、全球化資本（Global Capital）

包含如下：

（一）在全球多少個國家有根據地？據點數有多少？生產據點及銷售
據點有多少？

（二）在全球員工人數有多少？在地化高階人數有多少人？

（三）在全球銷售量及銷售金額有多少？

（四）海外子公司數量有多少個？

SWOT 分析

一、何謂 SWOT 分析

所謂 SWOT 分析，就是進行下列分析：

SWOT 分析意義

S	W
（Strength） 公司的強項與優劣分析	（Weakness） 公司的弱項與劣勢分析
O	T
（Opportunity） 公司的機會與商機分析	（Threat） 公司的威脅與風險分析

上述的 SWOT 分析，又可區分成：

（一）SW 分析：從公司內部的優劣勢分析。

（二）OT 分析：從公司外部的機會與威脅分析。

二、如何運用

如下圖示：

	S	W
O	・有優勢 ・又有機會	・有劣勢 ・有機會
T	・有優勢 ・但有威脅	・有劣勢 ・又有威脅

上圖所示，即：

（一）當面對 SO 條件時，公司應大力搶進此機會。

（二）當面對 WO 條件時，公司應改善自己的劣勢，以搶進此機會。

（三）當 ST 條件時，公司應注意外在威脅。

（四）最差的狀況，即是：面對劣勢及威脅時，應立即徹退。

三、案例（當面對 SO 時）

茲列舉下列成功的 SO 案例：

（一）台積電：有先進晶片研發與製造能力，而此產業又在高峰時有很大商機可圖。

（二）王品：有 30 多年經營餐飲專業的優勢條件，加上近幾年全臺餐飲市場大幅成長，有很大商機可圖。

（三）雄獅旅遊：有 20 多年旅遊事業經驗，再加上近幾年出國旅遊人數達高峰，有很大商機可以發揮。

四、組織內部專人負責此事

　　公司組織內部，應有專人負責此 SWOT 分析，並提出每月定期報告給高階主管參考了解、掌握，以利做出及時且正確的應變決策。

第 39 則
激勵 / 獎勵管理

一、激勵的重要性

　　激勵與獎勵，是各級領導主管很重要的管理及領導作為。每個員工都需要經常性的給予激勵與獎勵，才能永遠使員工保持工作的投入、熱情、用心及貢獻；公司對員工激勵 / 獎勵愈大，員工對公司的回報及貢獻也就愈大，形成良性循環。

二、激勵 / 獎勵的三大種類

　　公司對全體員工的激勵與獎勵，可包括為三大種類，如下：

（一）物質金錢面的獎勵

　　　1. 加薪（提高月薪）。

　　　2. 增加年終獎金。

　　　3. 增加年度分紅獎金。

　　　4. 增加季獎金。

　　　5. 增加年度績效獎金。

　　　6. 增加老闆特別獎金。

　　　7. 增加三節獎金。

8. 增加研發突破獎金。

（二）心理精神面的獎勵

1. 老闆 E-mail 發信給全體員工表示肯定。

2. LINE 群組表示肯定。

3. 開大會時，公開讚美、肯定、嘉獎。

4. 年度表彰大會嘉獎。

5. 部門聚餐。

（三）晉升獎勵

給予該員工或該小組成員向上晉升職務、職稱或是擔任主管職務。

三、激勵／獎勵原則

在進行激勵管理時，應思考下列原則：

（一）要及時，勿拖延。

（二）要大方，勿小氣。

（三）要形成制度化採用。

（四）要兼顧物質面與金錢面二者並進。

（五）要兼顧個人與團隊，勿集中一人而已。

（六）要公正、公平性。

（七）要努力做到同業最高的激勵給予。

（八）激勵對象，必須是對公司有重大貢獻。

四、給予員工不同激勵與獎勵的評價指標

（一）員工對公司績效與貢獻的大小而區別。

（二）員工的能力主義。

（三）員工的實力主義。

（四）員工的重要性程度區別。

（五）員工的成長潛力大小區別。

（六）員工的保持進步性大小區別。

五、案例：台積電分紅獎金，平均每人 180 萬元

　　根據媒體報導，台積電年度分紅獎金，今年平均每個人可以拿到「180 萬元」的分紅獎金，最高的董事長劉德音及總裁魏哲家二人，平均每個人可以拿到「6 億元」的分紅獎金，很多人都很羨慕台積電的豐厚待遇、獎金及福利。

　　台積電員工計有七萬名員工，該公司年度營收額達 2 兆元臺幣，獲利率為 40%，換算下來則有 8,000 億元獲利，若再乘 5% 分配紅利，則有 400 億元，可以分配給七萬名員工共享之。

第 40 則
法說會

一、何謂「法說會」

　　所謂「法說會」係指「法人說明」或「對法人投資機構的業績說明會」。上市櫃公司有責任及義務每一季或每半年或每年一次，由高階主管（董事長、總經理、財務長、法人關係處長及公司發言人等）出席一項公開會議，在會議簡報上，公開說明目前營運狀況及未來獲利展望與策略；讓外界投資法人機構了解，並進一步與該公司做一些詢答，以作為他們未來對該公司股票買或賣之決定與否。

法說會

法人說明會

簡報

上市櫃公司　　　　　法人投資機構

詢問

二、法說會的流程

上市櫃公司的法說會流程很簡單，主要有兩個步驟：

（一）公司簡報

由公司總經理或執行長做 15～30 分鐘的公司近期發展狀況報告說明。

（二）問題 Q&A

由出席法人投資機構提出相關詢問及上市櫃公司回覆。

三、法說會影響力

法說會影響力不小，主要有兩點：

（一）會影響投資機構及外界的投資大眾，對持有該公司股票買或賣的行動。

（二）會影響未來該上市櫃公司的股價升高或下滑。尤其是有好消息的時候，公司股價就會上升，有不利消息時，股價就會下跌。

行銷三個同心圓
（品牌力＋產品力＋行銷力）

一、何謂「行銷三個同心圓」

　　所謂行銷三個同心圓，就是指行銷要成功、要致勝，必須同時做好、做強三件事情，即：

（一）強大的品牌力。

（二）強大的產品力。

（三）強大的行銷力。

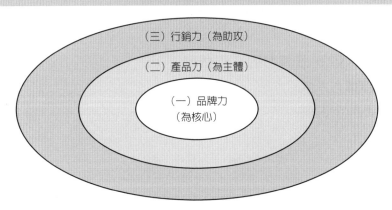

「行銷三個同心圓」意涵

（三）行銷力（為助攻）

（二）產品力（為主體）

（一）品牌力
（為核心）

二、以「品牌力」爲核心（Core）

行銷成功的最根本核心點，就是做好、做強「品牌力」（Brand Power）。做好、做強「品牌力」，那要做好兩件大事，即：

（一）做好、做強品牌力的「七個度」，如下圖示：

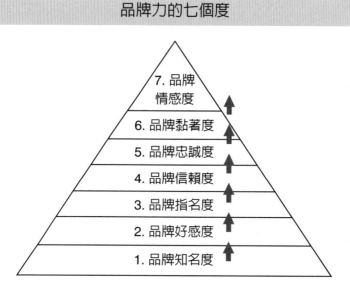

品牌力的七個度

7. 品牌情感度
6. 品牌黏著度
5. 品牌忠誠度
4. 品牌信賴度
3. 品牌指名度
2. 品牌好感度
1. 品牌知名度

（二）做好、做強品牌力的「二個率」：

　　1. 品牌心占率。

　　2. 品牌市占率。

三、以「產品力」為主體

做好、做強「品牌力」之後，接著就是要做好、做強「產品力」了，因為「產品力」是主體，也非常重要。

以「產品力」為主體，須做好九項工作：

（一） 高品質、穩定品質	（二） 高功效、高功能、 高效果	（三） 高耐用、高壽命、 省電、省油
（四） 高設計、高顏值、 高時尚	（五） 高的推陳出新	（六） 好看的包裝
（七） 高技術性、升級技術	（八） 多元化規格及尺寸	（九） 多樣化產品組合

四、以「行銷力」為助攻（助力）

最後，就是要以「行銷力」為助攻，必須做好、做強以下十六項行銷操作：

（一）代言人行銷	（二）網紅 KOL、KOC 行銷	（三）記者會行銷	（四）體驗行銷
（五）電視廣告投放行銷	（六）網路廣告投放行銷	（七）戶外廣告行銷	（八）媒體專訪報導行銷
（九）集點送贈品行銷	（十）促銷檔期行銷	（十一）聯名行銷	（十二）快閃店行銷
（十三）電視節目冠名贊助行銷	（十四）紅利積點行銷	（十五）旗艦店行銷	（十六）會員行銷

五、小結

茲總結如下圖示：

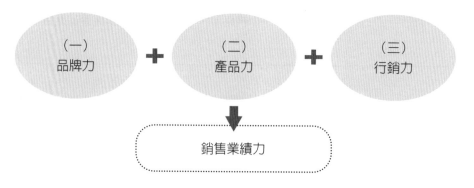

多品牌、多價位策略經營

一、何謂多品牌策略？案例有哪些

　　所謂「多品牌（Multi Brand）策略」，係指同一家公司在同一類產品中，推出多個品牌在市場上銷售，此即「多品牌策略」。成功案例很多，如下：

（一）王品餐飲 （有 28 個品牌）	（二）瓦城餐飲 （有 8 個品牌）	（三）饗賓餐飲 （有 10 個品牌）
（四）築間餐飲 （有 8 個品牌）	（五）漢來餐飲 （有 20 個品牌）	（六）P&G 洗髮精 （有 4 個品牌）
（七）統一泡麵 （有 10 多個品牌）	（八）統一茶飲料 （有 7 個品牌）	（九）味全鮮奶 （有 2 個品牌）

（十）和泰 TOYOTO 汽車
（有 10 多個品牌）

二、多品牌策略的四個目的、好處

多品牌策略已被證實是成功的策略，其可產生下列好處及優點：

（一）可以滿足不同需求、不同口味偏好、不同特色需求的消費客群。

（二）可以占據較多的零售據點陳列空間及位置。

（三）可以產生更高的營收及獲利。

（四）可以涵蓋更大、更多的消費客群。

三、何謂多價位策略？案例有哪些

此係指同一家公司裡面的不同品牌產品，同時出現多個不同價位的策略。成功案例如下：

（一）和泰 TOYOTA 汽車

- 低價位車：65 萬元～80 萬元。
- 中價位車：81 萬元～120 萬元。
- 高價位車：150 萬元～500 萬元。

（二）王品餐飲

- 低價位：350～590 元。
- 中價位：600～1,000 元。
- 高價位：1,000～3,000 元。

（三）饗賓 Buffet 自助餐廳

- 中價位：1,000～1,500 元。
- 高價位：1,500～4,000 元。

四、「多價位策略」的四個好處

（一）可以滿足不同所得水準的消費客群。

（二）可以打入更多不同所得的區隔市場。

（三）可以囊括高、中、低三種價位的更大市場空間。

（四）可以提升營收及獲利額。

第 43 則
資本支出預算（CAPEX）

一、何謂「資本支出預算」

　　所謂「資本支出預算」（CAPEX, Capital Expenditure），就是指公司在每年底都要預估明年度重支出預算，包括如下主力項目：

（一）是否有建廠成本（包括：土地成本＋建廠成本）支出？
（二）是否有購買重大製造設備、機具成本支出？
（三）是否有先進研發實驗設備及品管設備成本支出？
（四）是否有有擴建新辦公大樓、新研發中心大樓成本支出？
（五）是否有新物流中心建設成本支出？
（六）是否有新科技專利與 IP 智產權取得成本支出？

二、CAPEX 的代表意義

　　「資本支出預算」代表著該公司仍在持續向上成長中，若一家公司長期多年都沒有「資本支出預算」，那就代表公司已不再成長了，已經到了天花板極限了，如此，該公司將不再有未來性，只是守成而已；其公司股票價格恐會下跌，乏人購買了。

三、CAPEX 代表案例：台積電

　　台積電公司過去五年的每年資本支出，從五年前的 200 億美元，逐年成長到 250 億美元、300 億美元，到最近一年的 350 億美元；此顯示出台積電公司一直在擴廠、擴設備及加強研發中，因此，一直被投資機構及投資人看好其未來五年的發展。

第 44 則
數字分析與數字管理

一、沒有數字，就沒有管理

　　做管理，要判斷，就要有數字／數據做指標，才能做出正確的管理決策，公司才能往正確的方向走下去；因此，數字分析與數字管理是很重要的。

二、各部門有哪些數字管理

　　茲就各部門列示應有的數字管理項目，如下：

（一）營業部

　　1. 每天／每週／每月銷售業績數字。

　　2. 各產品別業績數字。

　　3. 各品牌別業績數字。

　　4. 各通路別業績數字。

　　5. 各地區別業績數字。

　　6. 各品類別業績數字。

（二）財務部

1. 每月損益表數字。
2. 每月現金流量表數字。
3. 每半年資產負債表數字。

（三）製造部

1. 每天／每週／每月製造數量。
2. 每月品質不良率。
3. 每件平均成本。
4. 每月產能使用率。

（四）採購部

1. 每件平均採購成本。
2. 每月總採購成本。
3. 採購成本下降比率。

（五）行銷部

1. 每月廣告投放費用。
2. 每月媒體見報數量。
3. 每月活動次數。
4. 每年顧客滿意度數字。
5. 每年品牌知名度上升數字。

（六）產品開發部

1. 每月／每季／每年新品開發數字。
2. 每年新品上市成功數字。
3. 每年既有產品改良成功數字。

4. 新品銷售占全部比例數字。

（七）客服部
1. 每月客戶服務件數、完成件數數字。
2. 每月客戶來電反應意見件數。

三、數字管理五部曲

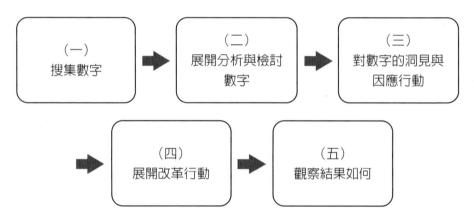

四、數字分析的種類

針對公司各部門的數字分析，可有如下五種：
（一）「單純數字」的成長或衰退或持平的分析。
（二）「單純百分比」的成長或衰退或持平的分析。
（三）「交叉百分比」的分析。
（四）「趨勢數字」分析與推估。
（五）「占比」百分比的分析。

五、案例：統一企業泡麵的營業數字分析項目

（一）統一泡麵今年 1〜12 月分，累計銷售量及銷售業績多少？

（二）統一泡麵今年 1〜12 月分，銷售金額與去年同期比較，是成長或持平或衰退？如是成長，又成長多少百分比及金額？

（三）統一泡麵 10 多個品牌中，每個品牌的銷售業績多少？占比又為多少？前三名品牌為何？

（四）統一泡麵 10 多個品牌中，各自的銷售業績與去年同期比較又是如何？

（五）統一泡麵在各大型通路的銷售金額及占比是多少？哪個通路是最大銷售通路？

（六）統一泡麵在北區、中區、南區、東區的銷售金額及占比又是如何？

（七）統一泡麵近 10 年來的銷售量及銷售金額的**趨勢**，是成長或持平或衰退？

效率與效能

一、何謂「效率」

　　所謂「效率」（Efficiency），意指員工們做事很快就完成。例如，原本長官要求一個月內要完成、做完，結果員工們二週內即提前完成了。這表示員工們做事很有效率，能夠超前預訂時間完成，而且做事效率的品質還不錯，沒有因為做事效率快，而有做事品質不夠好的狀況發生。

二、何謂「效能」

　　所謂「效能」（Effectiveness），意指員工們能夠「做對的事」、「選擇了對的事做」，而不要「做錯的事」；是「做了該做的事」，而不是白做事情了。此稱為做事具有效能性、效果性、成果性等之意涵。

三、「效率」與「效能」之區別

　　總結來看，「效率」與「效能」之區別，如下：

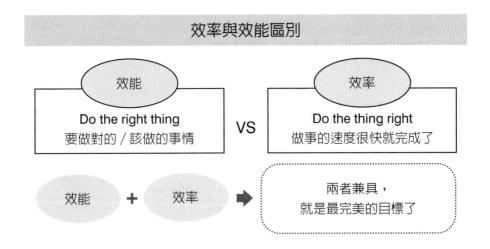

效率與效能區別

効能
Do the right thing
要做對的／該做的事情

VS

效率
Do the thing right
做事的速度很快就完成了

效能　＋　效率　➡　兩者兼具，就是最完美的目標了

四、成功案例：全聯超市展店策略

全聯董事長林敏雄在 25 年前接下全聯超市時，就下定決心與策略方向，全力衝刺展店規模店數的大政方針；結果，25 年後，底下展店部門員工，加快腳步，很迅速在 25 年內達成了林董事長要求的 1,200 店目標數字。歸納如下圖示：

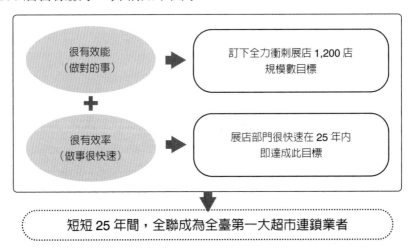

很有效能
（做對的事）　➡　訂下全力衝刺展店 1,200 店規模數目標

＋

很有效率
（做事很快速）　➡　展店部門很快速在 25 年內即達成此目標

⬇

短短 25 年間，全聯成為全臺第一大超市連鎖業者

第 46 則
成本 / 效益分析

一、何謂「成本 / 效益分析」

　　所謂「成本 / 效益（Cost / Effect Analysis）分析」，係指當公司每逢要做重大投資、重大專案、重大決策時，在事前都應做一些成本與效益分析，如果：

（一）效益＞成本，那就值得做。

（二）效益＜成本，那就不值得做了。

二、何謂「成本」

　　包括：

（一）有形成本

　　指對土地、廠房、設備、機具、原物料、零組件、勞力（人力）、各種費用等支出的有形成本。

（二）無形成本

　　有些是潛在性、未來性、暫時看不到的成本支出。

三、何謂「效益」

包括：

（一）有形效益

指有形的收入、獲利、好處、功效等。

（二）無形效益

指未來性、戰略性、潛在性、暫時看不到且無法量化的效益。

四、短期看不到效益成本，但仍須堅持去做的狀況與案例

（一）企業經常面臨下列狀況，即使是效益＜成本，但仍堅持要去做的，有五種狀況：

　　1. 關乎企業長期競爭力。

　　2. 關乎企業戰略地位。

　　3. 關乎企業領導地位。

　　4. 關乎企業進入門檻。

　　5. 關乎企業壯大實力。

（二）案例如下：

　　1. 加速展店戰略：全聯、統一超商、寶雅、大樹、全家。

　　2. 加速物流中心建設：全聯、統一企業、統一超商、寶雅、大樹、momo。

　　3. 興建大型 Outlet 及購物中心：新店裕隆城、三井 Outlet、三井 LaLaport。

4. SOGO 百貨：承租臺北大巨蛋館營運（3.8 萬坪）。

5. 台積電：赴美國、日本、德國設立在地化製造廠。

6. 光陽機車：以 3.99 萬低價機車，反擊三陽機車，希望奪回市占率第一名。

7. 全聯電商：PXGo 電商平臺推出生鮮產品「小時達 送到家」服務，雖無損但仍要做。

第 47 則
併購（M&A）

一、何謂併購

　　所謂「併購」，係指「合併」與「收購」，英文即為「Merger & Acquisition」。就是指公司透過合併與收購手段，以求得公司更大規模與更快速度的經營追求。

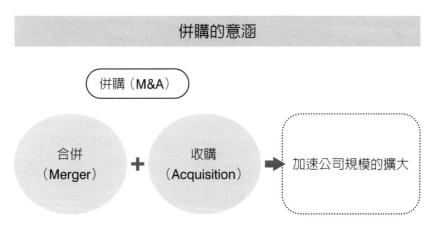

併購的意涵

併購（M&A）

合併（Merger） ＋ 收購（Acquisition） ➡ 加速公司規模的擴大

二、「合併」的案例

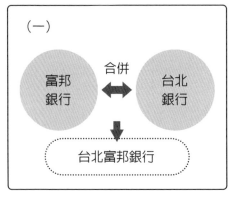

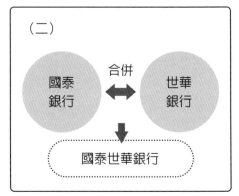

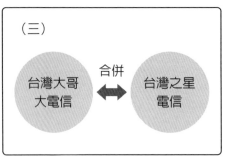

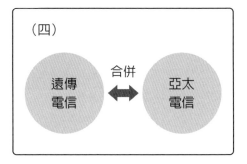

三、企業「收購」案例

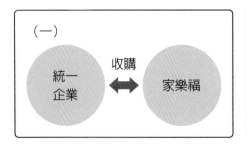

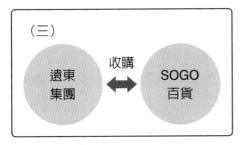

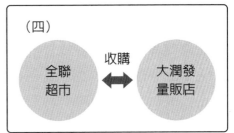

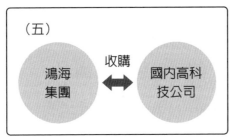

四、「企業併購」的好處

　　企業透過合併與收購策略，可獲得之好處，如下：

（一）可加速擴大事業規模及版圖。

（二）可進入較陌生之高科技產業。

（三）可獲得被併購公司的優質人才團隊。

（四）可獲得經營綜效。

（五）可有效降低成本。

（六）有助集團化發展。

（七）可獲得行銷通路之助益。

（八）可提升公司營收與獲利之增加。

五、企業收購價格計算方式

　　企業收購的價格計算方式，可採取以下幾種方式：

（一）依上市櫃公司當前企業總市值計算（股價 × 在外流通總股
　　　數）。

（二）依每年獲利額的 10～20 倍計算。

（三）依公司的現有淨值計算。

（四）採溢價收購計算。

六、惡意併購／敵意併購之意涵

　　所謂惡意（Hostile Merger）或敵意併購，就是指想併購一方未
經被併購公司的同意，而強行收購該公司在市場流通股票，意圖達到
併購目的。

　　像是想併購的一方，向小股東徵求大量委託書取得多數，就在股
東大會上影響董事會選舉，或爭奪董事多數席位，而取得董事長及經
營權。例如：2020 年大同公司爆發經營權之爭，公司派及市場派都
徵求小股東委託書，後來市場派取得多數董事會席次。

第 48 則
PEST 分析

一、何謂 PEST 分析

　　所謂 PEST 分析，係指企業會受到外部大環境的影響，這些大環境，主要指四項：

（一）P：Politics，企業會受到國內政治及國外地緣政治的影響。

（二）E：Economy，企業會受到國內外經濟環境的影響。

（三）S：Social，企業會受到國內文化、社會環境的影響。

（四）T：Technology，企業會受到國內外科技環境的影響。

PEST 分析

| （一）P
（Politics）
政治環境影響 | （二）E
（Economy）
經濟環境影響 | （三）S
（Social）
社會環境影響 | （四）T
（Technology）
科技環境影響 |

大大影響企業經營的好與壞

二、政治環境的因素及影響案例

（一）企業經營受到下列政治因素的影響：

　　1. 全球地緣政治變化。

　　2. 兩岸關係變化。

　　3. 國內政治變化。

　　4. 中美兩大國的對抗與競爭。

　　5. 全球環保法規變化。

　　6. 俄烏與以巴戰爭影響。

（二）茲列舉政治影響案例如下：

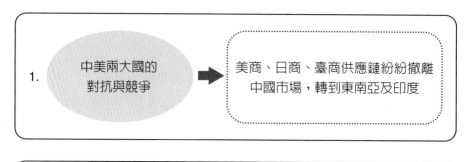

三、經濟環境的因素及影響案例

（一）企業經營受到下列經濟因素影響很大：

1. 國內外經濟景氣狀況。
2. 國內外貿易及進出口狀況。
3. 全球升息影響。
4. 全球通膨影響。
5. 中美兩大國貿易戰。
6. 全球匯率變化影響。
7. 全球供應鏈變化影響。
8. 全球消費力變化影響。

（二）茲列舉經濟影響案例如下：

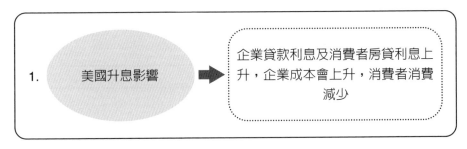

四、社會環境的因素及影響案例

（一）企業經營受下列社會環境因素影響很大：

　　1. 少子化、老年化影響。

　　2. 不婚、不生、晚婚影響。

　　3. 新冠疫情影響。

　　4. 宗教影響。

　　5. 價值觀變化影響。

（二）茲列舉社會影響案例如下：

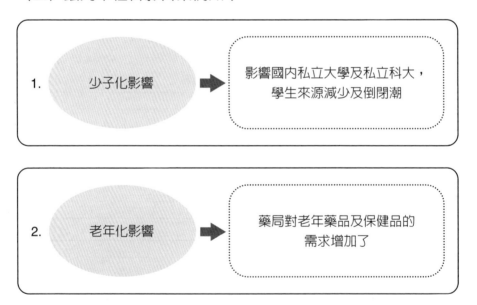

五、科技環境的因素及影響案例

（一）企業經營受到下列科技環境因素影響很大：

1. 高科技突破，例如：晶片半導體、AI（人工智慧）、5G 電信等影響。
2. 數位化影響。

（二）茲列舉科技影響案例如下：

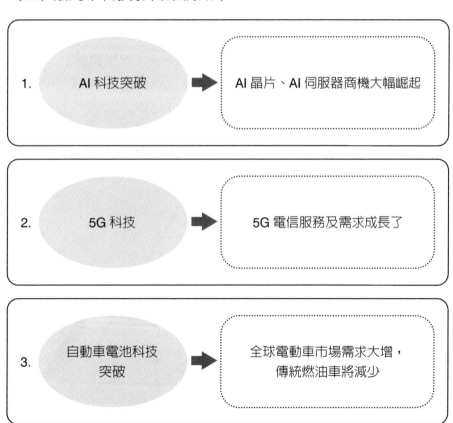

第 49 則
品牌價值

一、什麼是「品牌資產」、「品牌價值」

何謂「品牌資產」（Brand Asset）及「品牌價值」（Brand Value）呢？如下七個度：

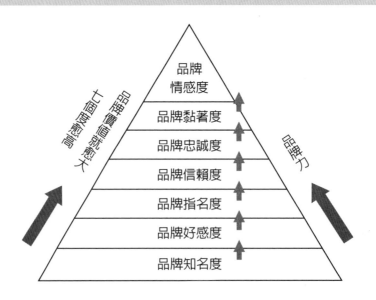

「品牌資產」內涵的七個度

品牌情感度
品牌黏著度
品牌忠誠度
品牌信賴度
品牌指名度
品牌好感度
品牌知名度

品牌七個度愈高，就是品牌價值愈大

品牌力

　　企業行銷人員及經營者，應該努力拉升、拉高、做強這七個度的品牌資產價值。

二、爲何要打造「品牌力」

　　企業努力打造出這七個度的「品牌力」，就會得到四大好處：

| （一）
才會有更高的
營收業績及
獲利 | （二）
才會有更好的
企業形象 | （三）
才會有更長遠
的永續經營 | （四）
品牌是一個
企業的最根本
核心點 |

三、全球知名「品牌價值」案例

　　茲列示全球性知名品牌的價值爲多少，如下：

（一）美國亞馬遜 Amazon（3,000 億美元）。

（二）美國 Apple（2,970 億美元）。

（三）美國谷歌 Google（2,810 億美元）。

（四）美國微軟（1,910 億美元）。

（五）美國 Walmart（1,138 億美元）。

（六）韓國三星（990 億美元）。

（七）美國星巴克（534 億美元）。

（八）日本豐田汽車（525 億美元）。

（九）美國迪士尼（495 億美元）。

（十）德國 BMW 汽車（404 億美元）。

（十一）美國麥當勞（369 億美元）。

（十二）日本三菱集團（350億美元）。

（十三）日本三井集團（307億美元）。

四、全球知名時尚精品「品牌價值」案例

（一）Porsche保時捷汽車（367億美元）。

（二）LV（262億美元）。

（三）Chanel（193億美元）。

（四）Gucci（178億美元）。

（五）Hermès（141億美元）。

（六）Dior（131億美元）。

（七）Cartier（126億美元）。

（八）ROLEX（107億美元）。

（九）Tiffany（74億美元）。

五、國內各行業第一品牌的案例

（一）家電業：Panasonic（臺灣松下）。

（二）速食業：麥當勞。

（三）超商業：統一超商。

（四）百貨公司：新光三越。

（五）量販店：家樂福。

（六）美式大賣場：臺灣COSTCO。

（七）航空業：中華航空。

（八）電視臺：三立。

（九）新聞臺：TVBS。

（十）頂級家電：Dyson。

（十一）廚具：櫻花。

（十二）燕麥片：桂格。

（十三）食品／飲料：統一企業。

（十四）電信：中華電信。

（十五）汽車：和泰汽車（TOYOTA）。

（十六）機車：三陽機車。

（十七）進口車：Lexus。

（十八）美妝店：寶雅。

（十九）電商：momo。

（二十）超市：全聯。

（二十一）牙膏：好來。

六、如何打造／持續品牌力

（一）持續做好產品力。

（二）持續必要的廣告投放。

（三）持續做好服務力。

（四）持續必要的媒體報導露出。

（五）確保優良企業形象。

（六）持續高的顧客滿意度表現。

（七）確實做好 CSR 及 ESG。

（八）必要的促銷活動，回饋顧客。

（九）提升顧客對品牌的信賴度及忠誠度。

第 50 則

管理五化（制度化、SOP 化、資訊 IT 化、自動化／AI 化、APP 化）

一、管理要上軌道，先做好「管理五化」

任何一家公司，要做好管理，要使管理上軌道，必須先做好以下「管理五化」，提升管理層級。

（一）制度化

    1. 沒制度，公司會亂了套。

    2. 依制度而行，勿因人而行。

    3. 制度可以百年，人不能百年。

    4. 制度化、規章化、辦法化。

    5. 制度包括：人事制度、採購制度、財會制度、製造制度、品管制度、物流制度、銷售制度、服務制度、稽核制度、法務制度等。

（二）SOP 化

1. SOP：標準作業流程化。
2. 勿因服務人員不同而有不同的服務品質，SOP 化可確保服務品質一致性。
3. SOP 化，可複製化，加速連鎖店的展店規模。

（三）資訊 IT 化

營運流程要 IT 化，包括導入：ERP、POS、SCM 等主要資訊系統導入，才能省人力、省時間、加速數據產出，加快營運作業的效率化 / 快速化 / 數據化等功能。

（四）自動化 / AI 化

係指製造設備、門市店設備、物流中心設備，均能改為自動化、AI 化（智慧化）；可省人力成本、製造費用，加快生產效率，並提高生產品質水準。

（五）APP 化

現在手機運用很普及，而 APP 化可使顧客從手機下載的 APP 裡，查詢到公司的相關資訊、下訂單購買、可付費、可紅利集點等多元化與立即性功能，方便很多。

二、「管理五化」可帶來的四項好處

企業若能做好上述「管理五化」，必能為企業帶來以下好處：
（一）可使公司日常營運管理更上軌道。
（二）可使公司規模可以更加擴大，形成經濟規模。
（三）可使公司各單位作業效率獲得大幅提升。
（四）可使公司營運成本得以顯著下降。

不必等待 100% 完美決策，邊做、邊修、邊改，直到做好才是王道

一、因時效壓力，不必等待 100% 完美決策

企業經營，經常會面臨：

（一）同業及異業的激烈競爭。

（二）大環境的巨變及衝擊。

因此，企業再也不能、也不必等待 100% 的完美決策，而是要採取：「邊做、邊修、邊改，直到做好才是王道」。

二、成功案例

（一）City Cafe

統一超商的 City Cafe，不斷的調整口味及引進全自動化設備，一直在修正，多年後才真正做到完美。

（二）iPhone 手機

Apple 的 iPhone 手機 16 年前剛推出來時，也不是很完美的，16 年來，每年都更新一個新款產品出來，直到最完美爲止。

（三）超商便當

7-11 及全家的鮮食便當，經過 10 多年來的調整、修正、改變，每年都做得愈來愈好吃。

（四）新光三越百貨

每年都調整、引進新的品牌專櫃進來，也引進新的餐飲進來，每年都在修正、強化，直到做好爲止。

（五）Lexus 汽車

TOYOTA 的 Lexus 豪華汽車每年改款，改的外觀、內裝都愈來愈好看及愈豪華，銷售量也愈來愈好。

（六）寶雅

寶雅剛開始從美妝店，然後擴充到生活百貨及食品，愈做愈好，生意愈來愈好。

（七）國內新聞臺

國內 TVBS、三立、東森、民視、年代、中天、華視新聞臺，比起 20 多年前時，不論在主播、即時新聞、政論節目等都愈做愈好，不斷調整及進步。

補充知識 2
人才三對主義

一、何謂人才三對主義

　　人才，是公司最重要、最珍貴的資產價值，對人才，要堅持做好三對主義，如下圖示：

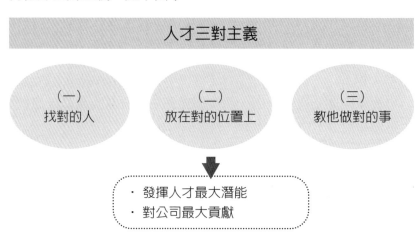

（一）找對的人

　　　1. 找人才，是要找到最適當、最對的人才，而不一定是要找最優秀、最高學歷的人才。因為最優秀的人才，

　　　　不一定會長期留在公司裡面，可能很快就會離職，而另謀高就了。

2. 用人，盡量用他的優點，而不要看他的缺點。

（二）放在對的位置上

1. 要把人才放在他最想擔任且最適合他的位置上。
2. 能發揮他的長才及專業的位置上，才會對公司有所貢獻。

（三）教他做對的事

1. 上級主管必須教導他的部屬們，做對的事、做重要的事、做對公司有利的事、做對公司較急迫的事。
2. 上級主管切勿瞎指揮，做沒有效益、浪費時間、浪費公司資源的事。

公司高階經理管理團隊職稱（Management Team）

　　一家完整大公司組織中，屬於高階經理人團隊的一級主管，計有以下職稱：

（一）董事長。

（二）總經理（或執行長，CEO）。

（三）營業部副總經理（營運長，COO）。

（四）研發部副總經理（研發長，CTO）。

（五）財務部副總經理（財務長，CFO）。

（六）製造部副總經理（製造長，CMO）。

（七）資訊部副總經理（資訊長，CIO）。

（八）行銷部副總經理（行銷長，CMO）。

（九）人資部副總經理（人資長，CHRO）。

（十）經營企劃部副總經理（企劃長，CBO）。

（十一）採購部副總經理（採購長，CPO）。

（十二）法務部副總經理（法務長，CLO）。

（十三）永續委員會（永續長，CSO）。

（十四）總務部副總經理（總務長，CAO）。

（十五）客服部副總經理（客服長，CS）。

（十六）稽核部副總經理（稽核長，CAO）。

年度預算管理制度
（損益表管理制度）

一、何謂「年度預算管理制度」

即：每個年度初，公司都要編製一個當年度 12 個月及滿一年的損益預算表，以策訂今年度公司預計的營收額及獲利額的目標數據是多少；以作爲每個月的檢討、改善及管理用途，以及對各相關部門的考核績效之用。

二、損益表何時檢討

上述的預算管理，就是以每個月損益表的數據，作爲 KPI 績效指標。公司每個月 5～10 日，即要由財務部提出，檢討上個月的損益表，即檢討上個月的營收及獲利狀況如何，也就是上個月是否賺錢或賠錢。

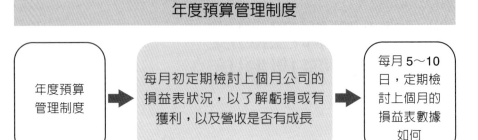

三、損益表格式

	1 月			……	12 月			
	實際數	預算數	去年同期	……	實際數	預算數	去年同期	合計
營業收入				……				
（營業成本）				……				
營業毛利				……				
（營業費用）				……				
營業損益				……				
營業外收支				……				
稅前損益				……				

四、預算管理制度的功能為何

　　預算管理制度可為企業帶來以下五點效益：

（一）可了解每個月實際與預算數字差距多少。

（二）可了解是否達成當初訂定的預算目標數字。

（三）可了解今年與去年同期數字的比較如何。

（四）可作為全體部門每個月努力衝刺的預定數字目標。

（五）可作為每年度損益達成的績效成果好不好。

五、年度損益預算如何編制

（一）主要由財務部統籌，於每年 12 月底前，即要完成下一個年度的預計損益表。

（二）在過程中，財務部要要求：

    1. 營業部提供下年度營業收入預計數字。

    2. 製造部提供下年度製造成本預計數字。

    3. 各幕僚單位提供下年度各單位費用支出預估。

    4. 最後，再由財務部彙總編出。

六、因應對策與行動

    每個月 5～10 日，做上個月損益表檢討時，當發現營收及獲利均無法達成預計目標數字時，甚至比去年同期都衰退時，此時，各部門就要提出看法與因應對策，尤其是營業部門最重要，更要提出如何加速改善、革新，追上去年同期的數字及今年預計數字。

市場進入門檻

一、「市場進入門檻」的意涵

　　所謂市場進入門檻，意指在每個市場中，對新品牌攻進此市場的容易度如何？如果很不容易，就說此市場不容易再進入了；如果很容易，那麼任何新品牌都可以輕易進入市場爭搶市場。

　　所以，市場的進入門檻，可以區分為：

（一）高難度進入門檻。

（二）低難度進入門檻。

二、高難度進入門檻的案例

（一）先進晶片

　　高科技先進晶片，目前以台積電、韓國三星及美國英特爾為領先，其他公司已很難進入了。

（二）超市

　　全臺已有 1,200 個據點的全聯超市，已成功獨大，第二家

很難再進入了。

（三）超商

目前四大超商門市店已超過 1.2 萬家之多，第五家公司也不可能再進入了。

（四）量販店

目前好市多、家樂福、大潤發、愛買等四大量販店已塞滿市場，第五家很難進入了。

（五）美妝店

目前寶雅、屈臣氏、康是美三家已超過 1,000 家店數了，很難再容納第四家了。

（六）航空公司

華航、長榮、星宇及臺灣虎航四家已占據臺灣航空市場，很難有第五家再進入了。

三、低進入門檻的行業別

但也有很多低進入門檻的行業別，如下：

（一）食品業	（二）飲料業	（三）日常消費品業
（四）藥局業	（五）餐飲業	（六）保健品業
	（七）百貨商場業	

四、低進入門檻行業的缺點

如上述的一些低進入門檻行業，將面臨一些缺點，包括：

（一）市場競爭會很激烈，因為太容易進入了。

（二）營收額恐會被瓜分。

（三）因低價競爭，故利潤恐會下降。

補充知識 6
行銷 3C / 1M 分析

一、什麼是行銷 3C / 1M 分析

所謂行銷 3C / 1M 分析，即如下圖示：

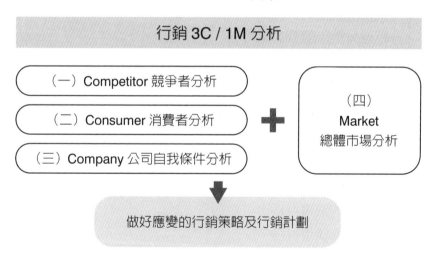

行銷 3C / 1M 分析

（一）Competitor 競爭者分析

（二）Consumer 消費者分析

（三）Company 公司自我條件分析

➕

（四）
Market
總體市場分析

做好應變的行銷策略及行銷計劃

二、競爭對手分析項目

首先，是「競爭對手分析」。因為市場上競爭對手是直接影響到銷售業績的，競爭者若太多或太強，將會嚴重瓜分公司的市占率及使業績下降，故須特別注意。項目如下所示：

（一）分析競爭對手的產品策略。

（二）分析競爭對手的價格策略。

（三）分析競爭對手的通路策略。

（四）分析競爭對手的廣告投放策略。

（五）分析競爭對手的促銷策略。

（六）分析競爭對手的藝人代言策略。

（七）分析競爭對手的銷售業績狀況。

（八）分析競爭對手的製造策略。

（九）分析競爭對手的強項與弱項、優點及缺點。

（十）分析競爭對手的銷售人力團隊。

（十一）分析競爭對手的技術策略。

（十二）分析競爭對手的公益策略。

三、消費者分析項目

　　其次，是要分析消費者。因為消費者是買我們東西的人，所以也要特別留意他們的變化及趨勢，如下項目：

（一）分析消費者購買行為的變化。

（二）分析消費者的通路行為。

（三）分析消費者的決策行為。

（四）分析消費者的使用行為。

（五）分析消費者的品牌行為。

（六）分析消費者的價格行為。

（七）分析消費者的消費能力變化。

（八）分析消費者的偏好行為。

（九）分析消費者的媒體行為。

四、公司自我條件分析項目

公司自我條件，會在變化之中，也必須自我審視及自我分析，如下項目：

（一）分析公司自我的產品力狀況。

（二）分析公司自我的產品通路上架狀況。

（三）分析公司自我的產品價格狀況。

（四）分析公司自我的促銷活動狀況。

（五）分析公司自我的廣告投放狀況。

（六）分析公司自我的強項與弱項。

（七）分析公司自我的銷售人力團隊狀況。

（八）分析公司自我的產品滿意度如何。

（九）分析公司自我的製造成本狀況。

五、整體市場分析項目

最後，公司還要針對整體市場的變化及趨勢，做一些深度分析，這是比較整體面的，包括項目如下：

（一）分析整體市場的買氣與景氣狀況。

（二）分析整體市場的產值成長或持平或衰退狀況。

（三）分析整體市場在個別品類之間的銷售狀況。

（四）分析整個市場的產品趨勢狀況。

（五）分析整個市場的價格趨勢狀況。

（六）分析整個市場的通路趨勢狀況。

（七）分析整個市場的廣告投放狀況。

（八）分析整個市場的各品牌市占率如何。

（九）分析整個市場的個別產品利潤狀況。

補充知識 7
銀行聯貸與私募

一、何謂「銀行聯貸」

當企業有幾十億或上百億大額銀行貸款需求時，單一銀行負荷不了，就找其他多家銀行一起執行推動此種中長期貸款，此稱「銀行聯貸」（Syndicated Loan）。此銀行聯貸計有「主辦銀行」＋「參貸銀行」等多家銀行，一起接下此種聯貸業務。

二、「銀行聯貸」的流程

一個比較完整的銀行聯貸流程，如下圖示：

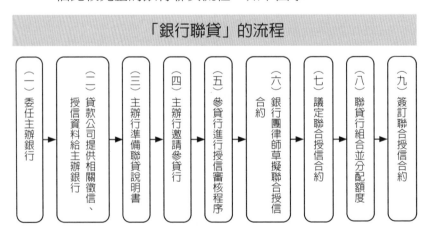

「銀行聯貸」的流程

（一）委任主辦銀行 → （二）貸款公司提供相關徵信、授信資料給主辦銀行 → （三）主辦行準備聯貸說明書 → （四）主辦行邀請參貸行 → （五）參貸行進行授信審核程序 → （六）銀行團律師草擬聯合授信合約 → （七）議定聯合授信合約 → （八）聯貸行組合並分配額度 → （九）簽訂聯合授信合約

三、銀行聯貸利率及期限

目前銀行聯貸利率大概在 2～2.5% 之間，仍處於較低檔，利率不算太高；只要公司端每年獲利率能夠超過 2～2.5%，就有能力還掉利息支出。另外，銀行聯貸的期間大抵在 5～7 年之間最常見；亦即 5～7 年間必須把本金及利息都還清才可以。當然，極少數狀況下也有金額很大的，而還款期間延長到 10 年之久的案例。

四、公司為何不用股東增資

公司為何要用銀行聯貸增加負債比例，而不用股東增資方式以籌得所需資金呢？主要是怕公司資本額一直增加膨脹，會影響到每年EPS（每股盈餘）的數字好看性，故採用銀行聯貸方式。

五、何謂「私募」

所謂「私募」係指有大筆資金需求的公司，向個別的、友好的、特定的一般公司或基金公司，釋出一部分股權以募得所需資金。例如：最近上櫃的統振公司向宏碁公司私募，釋出 10% 股份比例而取得 16 億元資金使用。

補充知識 8
先發品牌與後發品牌

一、先發品牌與後發品牌的意涵

　　所謂「先發品牌」意指先進入市場的品牌。因爲先進入市場，故擁有一些先天上的優勢。而「後發品牌」則指比較後面才進入市場的品牌，因爲後進入市場，故要更加努力才能趕上前面的先發品牌。

二、先發品牌的大優勢

　　先進入市場的先發品牌擁有一些優勢條件，如下：
（一）具有先入市場（Pre-market）的市占率優勢。
（二）具有第一個品牌進入市場，使消費者印象深刻的優勢。
（三）具有占據通路上架的好陳列位置。
（四）具有鞏固市場特性，不會輕易被後發品牌超越。
（五）具有公司豐富資源的投入經營優勢。

三、具先發品牌優勢的成功案例

（一） 統一泡麵	（二） 統一茶飲料	（三） 星巴克	（四） 統一超商
（五） 臺灣好市多 （COSTCO）	（六） 家樂福	（七） 新光三越百貨	（八） 統一 7-11 City Cafe
（九） Panasonic 家電	（十） 大同電鍋	（十一） 舒潔衛生紙	（十二） 日立冷氣
（十三） P&G 洗髮精	（十四） 櫻花廚具	（十五） 桂冠湯圓	（十六） 桂格燕麥片
（十七） 八方雲集鍋貼	（十八） 麥當勞速食	（十九） 和泰汽車 （TOYOTA）	（二十） iPhone 手機

四、後發品牌成功的案例

但是，後發品牌也有一些成功的案例，如下：

（一）和泰 TOWN ACE 輕型商用車	（二）原萃綠茶	（三）全聯超市
（四）禾聯家電	（五）Lexus 進口 豪華車	（六）三陽機車
（七）寶雅美妝 / 生活雜貨店	（八）momo 電商	（九）三井 Outlet
（十）Dyson 高價 小家電	（十一）娘家滴雞精	（十二）大樹連鎖藥局

五、後發品牌超越先發品牌的九種作法

（一）進口國外高檔產品進來（例如：Dyson）。

（二）具產品差異化特色，以差異化及獨特性取勝。

（三）具物美價廉取勝（例如：momo 電商）。

（四）具規模化經營取勝（例如：全聯超市）。

（五）具快速展店取勝（例如：寶雅及大樹）。

（六）具更高、更多附加價值取勝。

（七）以高品質、高顏值、高 CP 值 3P 取勝。

（八）投放更多的廣告宣傳及藝人代言行銷費用。

（九）先以分眾市場、小眾市場切入及瓜分一部分市場。

BCP 與 BCM

一、何謂 BCP、BCM

所謂 BCP 是指 Business Continuity Planning（企業營運持續的計劃）；所謂 BCM 是指 Business Continuity Management（企業營運持續的管理），上述兩者的意思是相近似的。當公司面對各種外在大環境的巨大變化與衝擊時，公司是否做好了「應變計劃」或「可持續性營運計劃」，以確保公司能正常營運下去，而不會因而中斷掉，產生很大損失。

二、公司面臨哪些巨變，而必須擬訂好 BCP

（一）全球化 新冠疫情（封城）	（二）戰爭 （地緣政治風險、 中美對抗）	（三）大地震 （損害重大）	（四）大颱風
（五）停電 （電力不足）	（六）缺水 （太久未下雨、 乾旱）	（七）工廠大火災	（八）全球大缺原 物料
	（九）全球大通膨	（十）供應鏈斷鏈	

三、董事會對 BCP 計劃的七項審查重點

（一）是否針對業務流程進行營運衝擊分析？

（二）是否對環境衝擊時，訂定配套 BCP 計劃或措施？

（三）在 BCP 計劃中，應考慮各項合約中之相關合理性。

（四）是否考慮供應鏈風險？選擇第二、第三家供應商？

（五）是否考慮可行之數位科技應用？（例如：遠距上班）

（六）是否有應變小組的組織、人員、職業、作業流程及指揮體系？

（七）是否有對 BCP 計劃演練過？

四、保住核心業務四要點

（一）必須持續進行的業務有哪些？

（二）應做哪些準備以支援上述業務？

（三）將有哪些資源受限制？

（四）有何替代方案？

五、公司應問自己五個問題

當面對環境巨變及衝擊時，公司應問自己五個問題：

（一）何種災害可能導致公司面臨破產問題？

（二）影響公司營運倒閉的關鍵資源是什麼？

（三）未來 5～10 年，哪些災害及事故可能會嚴重影響公司營運狀況？

（四）若災害發生時，是否已有對應的復原措施？

（五）公司至少需多久時間，才能從災害中復原？

B2B 及 B2C

一、何謂「B2B」生意

所謂「B2B」生意即是：Business to Business（企業對企業的生意）。

臺灣很多外銷廠商，出口到國外客戶手上，此種生意即稱為「B2B 生意」或「B2B 事業」。案例如下：

（一）臺灣廣達、英業達、仁寶、鴻海都為美國 HP 電腦、Dell 電腦、Apple 電腦代工。

（二）鴻海為美國 iPhone 手機代工組裝。

（三）台積電為美國 Nvidia 代工 AI 晶片。

（四）大立光為美國 iPhone 代工手機鏡頭。

（五）廣達、緯創為美國客戶代工 AI 伺服器。

（六）喜年來蛋捲賣到美國 COSTCO 大賣場。

二、「B2B 生意」的成功要點

三、何謂「B2C」生意

所謂「B2C」生意即是：Business to Consumer（企業對消費者的生意）。

例如：很多消費品、家電品、食品／飲料……等，都是廠商賣給消費者的。品牌廠商如下：

1. 統一企業	2. iPhone 手機	3. 和泰汽車	4. 三星手機
5. Panasonic	6. 麥當勞	7. 味全	8. 星巴克
9. 桂格	10. 摩斯	11. 愛之味	12. P&G
13. 好來牙膏	14. SK-II	15. 大金冷氣	16. 資生堂
17. 日立冷氣	18. Chanel	19. SONY	20. Gucci

四、「B2C 生意」的成功要點

（一） 產品好	（二） 價格有 高 CP 值感	（三） 通路上架據點 多、購買方便	（四） 有做廣告、 宣傳

（五） 品牌力強大	（六） 售後服務佳	（七） 有良好口碑

十年布局計劃

一、中期與長期經營計劃的年限

　　一般來說，企業界對未來中期及長期經營計劃的界定，如下：

（一）中期經營計劃：以 5 年為期（2024～2029 年）。

（二）長期經營計劃：以 10 年為期（2024～2034 年）。

二、中、長期經營計劃與成長戰略撰寫的大綱項目

（一）未來 5～10 年發展願景。

（二）外部大環境變化與趨勢（機會與風險）。

（三）未來 5～10 年發展成長目標。

（四）未來 5～10 年的經營總體成長戰略方針。

（五）既有事業持續擴張的戰略與計劃。

（六）新事業開拓的戰略與計劃。

（七）各項經營 KPI 指標數字。

（八）持續壯大公司的經營基盤／資源。

（九）公司人才戰略與財務戰略的配合計劃。

三、每年年底召開經營計劃檢討會議的內容項目

　　企業針對已訂定的未來中長期（5～10 年）的成長經營計劃，在每年年底 12 月時，應召開一次該年度的檢討會議，以做考核。檢討項目如下：

（一）檢討 5～10 年經營計劃的進度情況如何。

（二）檢討有哪些應強化、加強與調整的事項。

（三）檢討每年內／外部大環境變化帶來的新機會與新風險為何。

（四）檢討是否該調整主要戰略、方針、目標、資源與作法的改變及充實。

布局未來與超前部署

一、「布局未來」、「超前部署」的意涵

　　企業經營，絕對不能只看眼前、只看現在、只看短期、只看一年的預算。而是更要看未來、看長期、看更遠的 5 年／10 年後的企業要走向何方、何處、要如何做，才能更成長、更強大。

二、「布局未來」、「超前部署」的成功案例

（一）台積電

　　1. 台積電海外設廠：
　　　（1）日本熊本工廠（2024 年營運）。
　　　（2）美國鳳凰城工廠（2025 年營運）。
　　　（3）德國德勒斯登工廠（2028 年營運）。
　　2. 台積電國內設廠：
　　　（1）最先進 2 奈米晶片工廠，設於竹科寶山區，預訂 2024 年營運。

（2）最先進 1 奈米晶片工廠，設於臺中中科，預訂 2026 年
　　營運。

（二）統一超商集團

1. 持續展店成長策略（從目前 6,800 店成長到 8,000 店）。
2. 中大型商場展店策略（如：高速公路休息站）。
3. 轉投資子公司持續擴大策略。
4. 年營收突破 2,000 億元。

（三）遠東集團

1. 持續擴大零售事業版圖：
　　（1）新竹遠東巨城購物中心。
　　（2）遠東百貨竹北店。
　　（3）SOGO 百貨臺北大巨蛋館。
　　（4）遠東百貨臺北信義區 A、B 館。
2. 持續擴大電信事業：遠傳電信與亞太電信合併擴大。

（四）鴻海集團

1. 電動車事業：與裕隆汽車合資成立鴻華先進電動車公司。
2. 進入低軌衛星事業。
3. 進入 AI 伺服器事業。
4. 進入 AI 智慧工廠事業。

打造優良企業文化

一、什麼是「企業文化」

所謂「企業文化」（Corporate Culture），係指每位員工身處在一個公司或一個集團內，他們可感受到的有形與無形的影響力與感受等之總合。如下：

（一） 老闆個人作風	（二） 高階領導們的 領導風格	（三） 對工作的要求
（四） 待人處事	（五） 上班組織氣氛	（六） 職場內部文化

二、「企業文化」案例

（一）鴻海集團

早期郭台銘擔任董事長時，素以嚴厲要求快速執行力貫徹到底的企業文化，以及罵人、責難主管的嚴格作風。

（二）統一企業

倡導勤奮、穩健、負責、認真及做好基本功的企業文化。

（三）台積電

重視誠信、正直、技術領先、客戶信任，以及工程師隨時待命的高科技公司風格。

三、優良企業文化的二十八條

總合來說，各家企業有其歷史傳承下來、有老闆個人信仰、有高階主管風格、有組織文化形塑的企業文化，但作者個人認為所謂優良企業文化，應包括以下二十八條：

（一） 誠信的	（二） 正直的、正派的	（三） 進步的	（四） 負責任的
（五） 承諾的	（六） 永續經營的	（七） 勤奮的	（八） 創新的
（九） 穩健的	（十） 創造力的	（十一） 有執行力的	（十二） 高瞻遠矚的
（十三） 布局未來的	（十四） 照顧各方利益的	（十五） 回饋員工的	（十六） 努力與用心的

（十七） 熱情的	（十八） 終身學習的	（十九） 挑戰未來的	（二十） 追求卓越的
（二十一） 團隊合作的	（二十二） 重倫理的	（二十三） 重視消費者的	（二十四） 居安思危的
（二十五） 果斷與決斷的	（二十六） 具激勵性的	（二十七） 有希望性的	（二十八） 善盡企業社會責任的

四、不好的企業文化二十四條

（一） 老闆、長官一言堂的	（二） 老闆霸道、獨裁的	（三） 高階主管重自己私利的
（四） 保守的、僵固的	（五） 不追求進步的	（六） 自滿的、鬆懈的
（七） 不創新的	（八） 有派系鬥爭的	（九） 不開心、不快樂的
（十） 壓力太大而影響身心健康的	（十一） 決策常錯誤的	（十二） 公司持續虧損的
（十三） 長官經常沉淪風月場所的	（十四） 不重視人才培養的	（十五） 優秀人才不能出頭天的
（十六） 重年資、不重能力與貢獻的	（十七） 不能布局未來的	（十八） 目光短淺的、無前瞻性的

（十九） 不善待員工的	（二十） 老闆太小氣的	（二十一） 公司不想 IPO 的
（二十二） 不具挑戰心的	（二十三） 不終身學習的	（二十四） 組織太痴肥症的

照顧好各方利益關係人

一、照顧好各方利益關係人

　　企業經營，必須擔負著一項重大使命，此即是要照顧好五個各方利益關係人。如下：

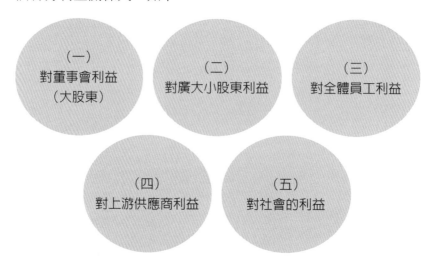

　　都照顧到了，才是一家優良公司。

二、如何照顧好各方利益關係人

企業要照顧好各方利益關係人的方式，如下：

（一）對董事會利益

盡量使公司獲利賺錢，回饋董事會的大股東們。

（二）對大眾小股東利益

1. 每年發放現金股利愈多愈好，愈多代表公司有賺錢。
2. 努力維持好高的股價。

（三）對全體員工利益

1. 每年發放全體員工滿意的年終獎金及分紅獎金。
2. 每幾年固定調薪。
3. 晉升有潛力主管員工。

（四）對上游供應商利益

1. 確保供應商應有的利潤，勿殺價太多。
2. 盡量縮短給供應商付款期限。

（五）對社會利益

1. 盡量落實環保及節能減碳。
2. 盡量贊助社會窮、困、貧、病的弱勢族群。

OMO（全通路行銷）

一、何謂 OMO（全通路行銷）

所謂 OMO（Online Merge Offline），即線上＋線下的融合，也就是「全通路行銷」或「全通路經營」。

二、零售商 OMO 案例

（一）全聯超市
- 實體據點：1,200 店。
- 線上電商：PXGo（小時達）。

（二）家樂福
- 實體據點：320 店。
- 線上電商。

（三）新光三越
- 全臺 19 大館。
- 線上商城。

（四）寶雅

- 實體據點：400 店。
- 線上官方商城。

（五）屈臣氏

- 實體據點：580 店。
- 線上商城。

三、品牌端 OMO 案例

（一）桂格	（二）白蘭氏	（三）三得利
（四）娘家	（五）雀巢	（六）蘭蔻
（七）SK-II	（八）資生堂	（九）雅詩蘭黛
（十）Nike	（十一）Adidas	（十二）優衣庫
（十三）GU 服飾	（十四）NET 服飾	（十五）D+AF 女鞋

四、OMO 的好處

　　OMO 對廠商或對零售商都會帶來不少好處，如下：

（一）帶給消費者更大的方便性及便利性，24 小時均能買到東西。

（二）消費者會有好的評價。

（三）可增加銷售收入及獲利。

（四）可增加市場競爭力。

RM2C
50則非知不可的企業管理實務最新知識

作　　　者：戴國良
發 行 人：楊榮川
總 經 理：楊士清
總 編 輯：楊秀麗
副總編輯：侯家嵐
責任編輯：吳瑀芳
文字校對：張淑端
封面設計：封怡彤
內文排版：張巧儒
出 版 者：五南圖書出版股份有限公司
地　　　址：106臺北市大安區和平東路二段339號4樓
電　　　話：（02）2705-5066
傳　　　真：（02）2706-6100
網　　　址：https://www.wunan.com.tw
電子郵件：wunan@wunan.com.tw
劃撥帳號：01068953
戶　　　名：五南圖書出版股份有限公司
法律顧問：林勝安律師
出版日期：2024年6月初版一刷
定　　　價：新臺幣330元

國家圖書館出版品預行編目（CIP）資料

50則非知不可的企業管理實務最新知識/戴國良
著. -- 初版. -- 臺北市 : 五南圖書出版股份
有限公司, 2024.06
　面 ； 　公分
ISBN 978-626-393-288-3(平裝)

1.CST: 企業管理 2.CST: 企業經營

494　　　　　　　　　　　113005456